予備校のノリで学ぶ

線形代数

ヨビノリ たくみ 著

ハマるポイントを徹底解説

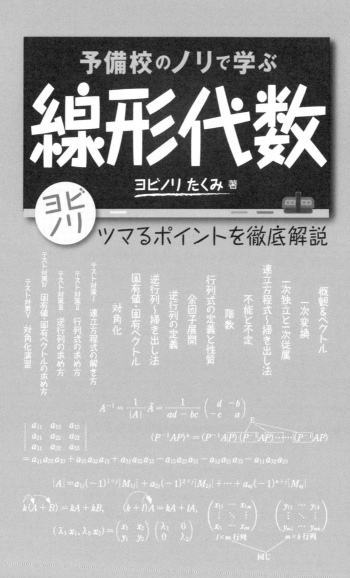

東京図書

まえがき

　私は普段、YouTube で理系大学生向けの授業動画を配信しています。その中でも人気なのが、「線形代数」という科目です。

　それもそのはずで、線形代数は全理系大学生が学部学科を問わず学ぶものであり、同時に初学者がつまずきやすい単元であるからです。そのような科目をどのように教えたら全国の理系大学生は困らずに済むのか、そのことをずっと考えて出した結果が YouTube に公開した線形代数の連続講義です。

　その結果、多くの視聴者の方から「本でも読みたい！」「書籍化してほしい！」という声をいただきました。

　なお、動画の冒頭では、線形代数に対するなんだか"嫌な気持ち"を少しでも払拭するために、必ずショートコントをやっていたのですが、今回その講義を書籍化するにあたり、文字で見たときの地獄感が半端じゃなかったので、出版社の方に土下座をしてその部分はなんとかカットしていただきました。

　しかし、せっかくのライブ感をなしにするのはもったいないと思ったので、口語的な表現は本書の中でもそのままにしておきました。きっとそのような本の方が 1 冊目に学ぶものとして向いていると思ったからです。

　本書の最後にはテスト対策編をつけてあります。ここではあえて本書と連動させず、その部分だけを読んだ人に向けた書き方をしています。これは、他の本で学んでいたり、あるいは本文を読んでから少し時間が経った人にとって、テスト前に勉強しやすいだろうと思ったからです。

ぜひこの本を皮切りにより本格的な専門書に進んでいただき、
「なんだあいつ！線形代数の深いところに全然触れてねえじゃねーか！」
と言ってくれることを心から願っております。

　本格的な専門書に進む前に挫折してきた大学生を多く見てきた一人の先輩
より

2020 年 3 月

ヨビノリたくみ

CONTENTS

線形代数入門　第1講
概観&ベクトル

まっすぐな数学の広大な世界へ

II　▶I　🔊　1/19

　線形代数って、理系の学生が大学に入学して初めに勉強する数学の1つであるし、経済学部の必修科目にもなっていたりする。線形代数は、文系・理系問わずいろいろな分野で見られる数学の1つなんだけど、いまから話す「線形代数とは何か?」っていう話を聞いてくれれば、その概観がつかめると思う。

1. 線形代数とは何か

　最初に**線形代数**っていう名前を聞いて、どんな数学かパッとイメージできる人は少ないと思うのね。どうしてかというと、おそらく線形代数という名前そのものがわかりにくいからじゃないかな。

　線形という言葉は、図形的なもの(幾何的なもの)を連想させるし、代数という言葉は、文字どおり数とか方程式を扱うイメージがあると思うのね。その両者があるから混乱してしまうんだけども、線形代数のもつそれぞれの側面について、順を追って説明していくね。

1-1　代数的な側面

　まず、「代数」という部分について説明しよう。

　代数とは、数の代わりに文字を用いたりして、その方程式を解いたりするもののこと。何を言ってるのかっていうと、例えば次のような連立方程式を思い浮かべてほしい。

example 1

$$\begin{cases} x - 2y + z = 1 & \cdots① \\ 2x + y - 2z = 3 & \cdots② \\ -x + 3y + 4z = -2 & \cdots③ \end{cases}$$

これを解くときには例えばこんなふうにする。①と③を足すと x が消えて

$$y + 5z = -1 \qquad \cdots④$$

②に $2 \times$③を足すと、また x が消えて

$$7y + 6z = -1 \qquad \cdots⑤$$

⑤に $-7 \times$④を足すと y も消えて z だけの式 $-29z = 6$ になるから $z = -\dfrac{6}{29}$

これを④に代入すると、$y - \dfrac{30}{29} = -1$ より　$y = \dfrac{1}{29}$

y、z の値を①に代入すれば、$x - \dfrac{2}{29} - \dfrac{6}{29} = 1$ より $x = \dfrac{37}{29}$。これでおわり。

　このような連立方程式を解くには、適当な式を足したり引いたりしながら文字を消去していけばいい。ここでは、最終的に1つの文字、例えば z だけの式になって z が求まって、次に y、さらに x というふうに全てが求まった。

　この例は、未知の文字が x、y、z 3文字の3元連立1次方程式だから頑張れば解けるけど、文字の個数が多くなると急に面倒になってくるんだ。

　というのも、連立方程式を解くために式をいくつか書くこと自体が一苦労なんだね。たくさんの式を何度も足したり引いたりするたびに x、y、z をいちいち書いていると、すごく時間がかかる。もう少し見やすくシンプルにやりたいなと思う。そのためにはどうすればいいか考えてみよう。

●係数を並べた行列　まず、気をつけてほしいのは、実際に計算するときは、x の係数どうし、または y の係数どうしを足し算・引き算してるだけということなんだ。だから、次のように係数だけを抜き出して並べてみれ

ば、その連立方程式の情報は全てそこに詰まっていることになる。

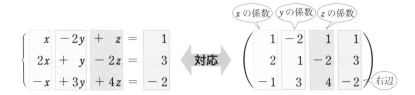

　こうやって数を長方形状に並べたものを線形代数では**行列**っていうんだ。
　実際、この行列にいろいろな操作をすることによって、その連立方程式の解であったりとか、性質がわかったりするのね。つまり行列の中に解やその性質の情報がすべて詰まっているといっても過言ではない。
　だから、いちいち文字を書く必要はなくて、この長方形に数を入れた行列というものを見ていけばいいし、行列にいろいろな操作をしてあげれば、元になっている連立方程式の解や性質がわかるということなんだ。
　このように線形代数では、方程式を解くために「数を並べて扱う」ことがよくあるんだ。その例がいま出てきた行列とか、次節で話すベクトルというものね。

1-2　幾何的な側面

　次に、線形代数のもつ幾何的(図形的)なイメージについて話していきましょう。まずは、「線形」という言葉は次のようなものだと思ってほしい。

> ### ここがPOINT!
> **線形＝まっすぐなもの**
> **線形代数は、まっすぐなものを扱う学問**

　じゃ、まっすぐなものって何かっていうと、想像してほしいのは直線。直線はめちゃくちゃ簡単な図形だよね。こう言うと、

　「なんだ、線形代数って直線しか扱えないのか。役に立たないな。」

って思うかもしれないけど、じつは、世の中には直線があふれてるんだね。その話をちょっとだけしよう。

　ここに曲線を描いてみる。そして、その曲線のメチャクチャ狭い一部を拡大してみよう。

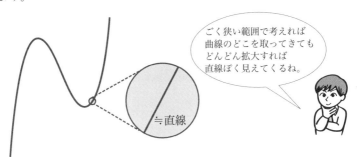

ごく狭い範囲で考えれば
曲線のどこを取ってきても
どんどん拡大すれば
直線ぽく見えてくるね。

≒直線

　いま2次元の絵を描いてみて、**曲線はごく狭い範囲で見れば直線に見える**という話をしたんだけど、同じようなことを3次元でも考えることができる。3次元ではまっすぐなものって何かというと、平面なんだね。つまり、3次元座標空間上に曲面があるとする。そして曲面のごく一部の狭い範囲を見てみると、どこも基本的には平面のように見えるはずなんだ。いままでの話をまとめると、要するに

世の中はまっすぐなものであふれている

っていうこと。曲線や曲面を見ても、ごくごく狭い範囲を切り取れば、それは直線や平面にみなされる。そして、その直線や平面が組み合わさって、皆がふだん考えている平面的な図形や立体的な図形になるんだね。だから図形を考えるときに、直線や平面はものすごく重要。

　いま見てきたように、線形代数は、

ここがPOINT!

代数的には連立1次方程式
図形的には直線や平面というまっすぐなもの

というメチャクチャ基礎的なものを扱う学問だからこそ、工学、経済学、統計学など、どの分野でも必ず現れる数学になるんだね。

　こういう話をすると、何となく「線形代数って重要そうだな」って思ってくれるかもしれないね。でも、その面白さや魅力は、具体的に何かの単元をやってみて本当にわかるものなんだ。頑張って線形代数を勉強して、それを楽しんでくれればいいなと思います。

2. ベクトルとは何か

2-1　高校のベクトルと大学のベクトル

●並べるのは縦か横か　さっそく今回のタイトルであるベクトルについて見ていきましょう。線形代数という学問を勉強するにあたって、ベクトルってこういうものだと考えてほしい。

ここがPOINT！

ベクトル…数を一列に並べたもの

　何を言ってるかっていうと、次の例のように、単に縦長の()の中に数字を並べて入れたものがベクトルだっていうことなんだ。

example 2

$$\begin{pmatrix} 1 \\ 2 \end{pmatrix}, \quad \begin{pmatrix} 3 \\ 1 \\ 2 \end{pmatrix}, \quad \begin{pmatrix} 1 \\ -4 \\ 2 \\ 3 \end{pmatrix}$$

この例を見ると

「あれ？　高校のときベクトル a は $\vec{a} = (1, 2)$ って横に書いたような。」って思うかもしれないね。じつは、数を横に並べる表記で書いたものは**行ベクトル**っていう名前がついているんだけど、普通、大学の数学ではベクトルは縦に並べて書くことが多いんだ。 example 2 のようなベクトルを**列ベクトル**という。

●**図形的なイメージ**　ところで、まだ疑問に思うことあるんじゃない？高校のときはベクトルって矢印だと習ったよね。矢印っていうのは、**大きさ**と**向き**をもつ量という意味だった。それはどうしてかというと、 example 2 に挙げた $\begin{pmatrix} 1 \\ 2 \end{pmatrix}$ は2次元ベクトル、$\begin{pmatrix} 3 \\ 1 \\ 2 \end{pmatrix}$ は3次元ベクトルっていうように、すごく簡単に図形的解釈ができるからなんだ。

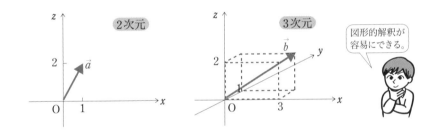

これが高校のときからおなじみの大きさと向きをもつベクトルなんだけど、簡単に図形的に表せないものもあるんだ。たとえば example 2 の4つの成分をもつ4次元ベクトル $\begin{pmatrix} 1 \\ -4 \\ 2 \\ 3 \end{pmatrix}$ は、図形的なイメージが難しいね。

だいたい4次元ベクトルってどんなときに使うの？　って思うかもしれないけど、図形的なイメージが難しくても4変数を考えたいシーンはよくある。

たとえば、空間の3つの成分、縦・横・奥行き…と、あとは4つめの成分

として、時間みたいものが欲しいときがあるんだ。また、機械工学のロボットの分野では体のパーツを考えるときも、頭、右腕、左腕、あと1個…へそというように、4つの変数が必要なときがある。こんなふうに、変数を4つを並べたい場合には4次元ベクトルが自然に出てくるんだね。

2次元、3次元の場合には、空間座標で簡単にイメージできるけども、4次元以上の図形的解釈が簡単にできない場合でも、

ベクトルは単に数を1列に並べたもの

だと考えれば、混乱することはない。

実際、線形代数が本当にその威力を発揮するのは、図形的イメージが難しい4次元や5次元、あるいはそれ以上の高次元まで扱えることなんだけど、そういったもので最初に勉強していくと詰まってしまうことがある。

そんなときに図形的な解釈が簡単にできる2次元や3次元でイメージするというのは、すごく助けになるんだね。この授業でも、高次元の問題を説明するときに、ときおり2次元、3次元に戻って説明するけども、4次元、5次元の図形的なイメージがパッと浮かばなきゃできないということはないので安心して下さい。

●**ベクトルの記法**　いま説明してきたように、4次元以上のベクトルでは図形的な解釈が難しいから、高校で習った矢印的な意味は随分と薄くなるよね。だから、大学の線形代数のベクトルって言ったら、アルファベットの上に矢印を乗っけるという表記は使わずに、普通は太字で表す。

記　法　高校：$\vec{a}, \vec{b}$

　　　　大学：$\boldsymbol{a}, \boldsymbol{b}$

ただ、黒板やノートなどに書くときは太字にするのは難しいから、こんなふうによく二重線にして太字を表したりするのね。

𝕒　𝕓

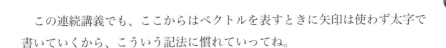

この連続講義でも、ここからはベクトルを表すときに矢印は使わず太字で書いていくから、こういう記法に慣れていってね。

2-2　ベクトルの演算規則

ここでは線形代数におけるベクトルの演算規則について確認していきましょう。大学のベクトルの演算規則といっても、高校で習ったベクトルの計算方法と矛盾しないよう高次元に拡張していくものだから、とっつきやすいように復習しながらやっていくね。

●**和**　演算規則の1つめが和。ベクトル a, b の和っていうと、ベクトルの始点を合わせて作った平行四辺形の対角線をイメージするよね。この平行四辺形の対角線に沿ったベクトルを c とおくと、$a+b$ というベクトルが c になるというのは、図形的にいうと、こんなふうになるっていうことだった。

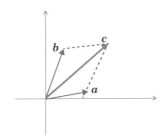

この話を成分で言い換えると、

a と b の x 成分の和を x 成分、a と b の y 成分の和を y 成分

としたベクトルが c ってことだったね。それを、数がたくさん並んだ高次元ベクトルに拡張したものが、いまから書く定義。

> ▶‖　ベクトルの和の定義
>
> $$\begin{pmatrix} x_1 \\ x_2 \\ \vdots \\ x_n \end{pmatrix} + \begin{pmatrix} y_1 \\ y_2 \\ \vdots \\ y_n \end{pmatrix} = \begin{pmatrix} x_1 + y_1 \\ x_2 + y_2 \\ \vdots \\ x_n + y_n \end{pmatrix}$$
>
> 各成分の同じ場所を足していって、同じ場所の新しい成分とする。

具体的な例を1つだけ見て納得しましょう。

> **example 3**　次のベクトルの和を計算せよ
>
> $$\begin{pmatrix} 1 \\ 2 \\ 3 \end{pmatrix} + \begin{pmatrix} -1 \\ 1 \\ -4 \end{pmatrix}$$

これくらいなら高校で習ったことを思い出してカンでできるね。各成分ごとに足し算していくだけだから、

$$\begin{pmatrix} 1 \\ 2 \\ 3 \end{pmatrix} + \begin{pmatrix} -1 \\ 1 \\ -4 \end{pmatrix} = \begin{pmatrix} 1+(-1) \\ 2+1 \\ 3+(-4) \end{pmatrix} = \begin{pmatrix} 0 \\ 3 \\ -1 \end{pmatrix}$$

というふうにやるだけ。成分が4つとか5つになっても、もっと一般に n 個になっても同じだよって言ってるんだ。

●**スカラー倍**　スカラーっていう単語自体が聞きなれないと思うんだけど、これは英語の scale と全く同義で、そのもののスケールを変える、大きさだけ変えますよっていう意味ね。

　まずは高校の矢印ベクトルに対してやっていた演算を思い出すために、2次元で考えてみよう。

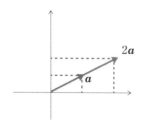

　ベクトル a が与えられたときに、このベクトルを2倍するという操作をしてできたベクトルが $2a$。成分で考えると、ベクトル a を2倍するというのは各成分を2倍するということで、それが新しいベクトル $2a$ だったね。

こういった演算「**スカラー倍**」の規則は、次のように定義される。

▶❚❚　**ベクトルのスカラー倍の定義**

$$c \begin{pmatrix} x_1 \\ x_2 \\ \vdots \\ x_n \end{pmatrix} = \begin{pmatrix} cx_1 \\ cx_2 \\ \vdots \\ cx_n \end{pmatrix}$$

あるベクトルを
c 倍したら
中身の成分全てが
c 倍される。

じゃ、3 次元でスカラー倍の具体的な例を 1 つ見てみましょう。

example 4　次の計算をせよ

$$4 \begin{pmatrix} 1 \\ -2 \\ 3 \end{pmatrix}$$

やることは単純で、各成分を 4 倍するだけだから、

$$4 \begin{pmatrix} 1 \\ -2 \\ 3 \end{pmatrix} = \begin{pmatrix} 4 \times 1 \\ 4 \times (-2) \\ 4 \times 3 \end{pmatrix} = \begin{pmatrix} 4 \\ -8 \\ 12 \end{pmatrix}$$

ベクトルの演算規則で押さえたいことはこれで全てなんだけど、

「引き算はどうしたらいいの？」

って思う人がいるかもしれないから、最後に引き算についての注意をしておきましょう。

●**差**　ベクトルの差　$x - y$　について補足しておこう。これまで見てきた演算規則では、和とスカラー倍しか登場してないから、引き算の計算方法を知らないことになっている。ただ、高校のときにやってきた引き算と全く同じ考え方で、和とスカラー倍を使ってちゃんと計算できる。

差 $x - y$ っていうのはこうやっておきかえましょうって考えるんだね。

$$x - y = x + (-1)y$$

和 スカラー倍

> x に y を -1 倍
> したものを足す。

つまりベクトル差というのは、今までやった和とスカラー倍で考えることができるということ。ここでは、線形代数の考え方に慣れてほしいから少し難しく話してるけれど、具体例を見ればビビることじゃないなって思うよ。

example 5　次の計算をせよ

$$\begin{pmatrix} 1 \\ 0 \\ 3 \end{pmatrix} - \begin{pmatrix} 2 \\ 3 \\ -2 \end{pmatrix}$$

これは、$\begin{pmatrix} 1 \\ 0 \\ 3 \end{pmatrix}$ っていうベクトルに、ベクトル $\begin{pmatrix} 2 \\ 3 \\ -2 \end{pmatrix}$ を -1 倍したものを足すということなんだけど、実際にやることは単に数どうし引き算するだけだね。

$$\begin{pmatrix} 1 \\ 0 \\ 3 \end{pmatrix} - \begin{pmatrix} 2 \\ 3 \\ -2 \end{pmatrix} = \begin{pmatrix} 1-2 \\ 0-3 \\ 3-(-2) \end{pmatrix} = \begin{pmatrix} -1 \\ -3 \\ 5 \end{pmatrix}$$

和とスカラー倍だけしっかり定義してあげれば、差っていうのはそこから自然に生み出すことができるよって話。

今回の授業はこれでおしまい。次回から、数を長方形に並べた**行列**というものが現れるので、楽しみにしててください。

まとめ 概観＆ベクトル

●線形代数とは何か　行列・ベクトル
代数的→<u>数を並べて扱う</u>学問

$$\begin{cases} x - 2y + z = 1 \\ 2x + y - 2z = 3 \\ -x + 3y + 4z = -2 \end{cases} \Rightarrow \begin{pmatrix} 1 & -2 & 1 & 1 \\ 2 & 1 & -2 & 3 \\ -1 & 3 & 4 & -2 \end{pmatrix}$$

解やその性質に関する情報 — 行列

幾何的→<u>まっすぐなものを扱う</u>学問
　　　　　直線・平面

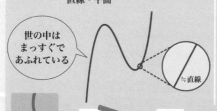

世の中は
まっすぐで
あふれている

≒直線

●ベクトル…数を一列に並べたもの
ex.

$$\begin{pmatrix} 1 \\ 2 \end{pmatrix}, \begin{pmatrix} 3 \\ 1 \\ 2 \end{pmatrix}, \begin{pmatrix} 1 \\ -4 \\ 2 \\ 3 \end{pmatrix}$$

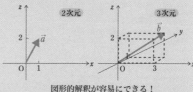

図形的解釈が容易にできる！

ベクトルの記法
高校：$\vec{a}, \vec{b}$　大学：a, b

●演算規則

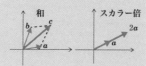

和　　スカラー倍

1. 和

$$\begin{pmatrix} x_1 \\ x_2 \\ \vdots \\ x_n \end{pmatrix} + \begin{pmatrix} y_1 \\ y_2 \\ \vdots \\ y_n \end{pmatrix} = \begin{pmatrix} x_1 + y_1 \\ x_2 + y_2 \\ \vdots \\ x_n + y_n \end{pmatrix}$$

ex.

$$\begin{pmatrix} 1 \\ 2 \\ 3 \end{pmatrix} + \begin{pmatrix} -1 \\ 1 \\ -4 \end{pmatrix} = \begin{pmatrix} 0 \\ 3 \\ -1 \end{pmatrix}$$

2. スカラー倍

$$c\begin{pmatrix} x_1 \\ x_2 \\ \vdots \\ x_n \end{pmatrix} = \begin{pmatrix} cx_1 \\ cx_2 \\ \vdots \\ cx_n \end{pmatrix}$$

ex.

$$4\begin{pmatrix} 1 \\ -2 \\ 3 \end{pmatrix} = \begin{pmatrix} 4 \\ -8 \\ 12 \end{pmatrix}$$

和　スカラー倍
※差は $x - y = x + (-1)y$
と考える

ex.

$$\begin{pmatrix} 1 \\ 0 \\ 3 \end{pmatrix} - \begin{pmatrix} 2 \\ 3 \\ -2 \end{pmatrix} = \begin{pmatrix} -1 \\ -3 \\ 5 \end{pmatrix}$$

▶ 線形代数入門　第2講
行列

入れ替えられないかけ算

⏸ ⏭ 🔊 2/19

普通の数の場合、かけ算は順番を入れ替えても結果は同じだったんだけれども、行列 A と B の積はこれが常に成り立つわけではなくて、一般に AB と BA は別物なんだね。これが行列の演算の性質で一番特徴的なものになります。

1. 行列とは何か

今回は線形代数の入門講義第2講っていうことで、行列を扱っていきたいと思います。

1-1 行と列

行列とはこんなものだと思ってほしい。

行列…数を縦横に並べたもの

実際には、数を縦と横に並べたものをカッコの中に入れた形をしてるんだけれども、具体例で見ていこうか。

---

example 1

$$\begin{pmatrix} 1 & 2 \\ 3 & 4 \end{pmatrix}, \quad \begin{pmatrix} 1 & 0 & 2 \\ 3 & 4 & -1 \\ 2 & 3 & -4 \end{pmatrix}, \quad \begin{pmatrix} 1 & 9 & 9 & 3 \\ 0 & 2 & 2 & 6 \end{pmatrix}$$

1番めの行列は数を 2×2 で4つ、2番めの行列は 3×3 で9個並べているね。これらは、縦横がたまたま同じサイズになっているけれど、3番めの行列みたいに縦と横のサイズは違っても構わない。

ここで、行列に関して押さえてほしい用語がある。行列を横向きに見たとき横の並びを行、縦向きに見たとき縦の並びを列っていうんだ。

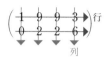

行列には、行が何個、列が何個かで名前がついていくのね。1番めの行列は、行が2個、列が2個だから、2×2 行列。2番めの行列は行が3個、列が3個だから、3×3 行列、3番めの行列は行が2個、列が4個だから、2×4 行列、というふうに。

> ▶Ⅱ　$m \times n$ 行列とは
>
> 行が m 個、列が n 個の行列を $m \times n$ 行列という

1-2　ベクトルと行列

ここで、第1講でやったベクトルは行列の特殊なものだと考えられることに注意してほしい。例えば、$m \times 1$ 行列っていうのはどんなものだろう？行が m 個あって列は1個しかないから、縦にしか並ばない行列。

$$\left. \begin{pmatrix} * \\ * \\ \vdots \\ * \end{pmatrix} \right\} m \text{ 個}$$

これは第1講でやった列ベクトルで、縦に成分が m 個あるから、m 次元ベクトルのことだね。

$m \times 1$ 行列　は　m 次元列ベクトル

もう1つ、$1 \times n$ 行列は、行が1個で列が n 個あるわけだから、

$$\underbrace{(* * \cdots *)}_{n \text{ 個}}$$

っていうふうに横にだけ n 個並ぶ行列だね。これは、第1講でやった行ベクトルになっている。

1 × n 行列　は　n 次元行ベクトル

こんなふうに、ベクトルは、行列の特別な場合だと考えることができる。

　最後に、行列の表記方法について話そう。行列は、アルファベットの大文字で書く。ベクトルと違って普通は太字で書かないから注意してね。

 行列の記法
$$A, B, \cdots$$

2. 行列の演算規則（和とスカラー倍）

　行列という新しいものが出てきたところで、次は何を考えたいのかというと、**行列の演算**だね。「行列の和って何だろう？」とか、「ベクトルのスカラー倍のように行列をスカラー倍したらどうなるんだろう？」とか。そういう演算規則を考えていくことにしましょう。1節で説明したように、行列の特別な場合がベクトルなんだから、演算規則はベクトルのときと基本的には同じになってほしいよね。そう考えれば、そんなに混乱しないと思います。

2-1　行列の和

まず、一般の行列をこんなふうに表すことにしよう。

$$\begin{pmatrix} x_{11} & \cdots & x_{1n} \\ \vdots & \ddots & \vdots \\ x_{m1} & \cdots & x_{mn} \end{pmatrix}$$

　最初は少しわかりにくいかもしれないから、少し説明するね。本当はこれ、左上の角にある x_{11} の右隣に、

$$x_{11} \ x_{12} \ x_{13} \ \cdots \ x_{1n}$$

って、最終的に x_{1n} まで続くんだけど、それを … で略記してるんだね。だから、この行列には列が何個あるかと言ったら、$x_{1\bullet}$ の添え字の右側の●のところの数字が $1, 2, \cdots, n$ って増えていくから縦の並びは n 個、つまり列は n 個あるのね。

縦方向も全く同じで、本当は x_{11} の下に $x_{21}, x_{31}, \cdots$ って続いていて、今度はこの $x_{\bullet 1}$ の添え字の左側の●のところの数字が $1, 2, \cdots, m$ まであるから、行は m 個だね。だから、この行列は $m \times n$ 行列を一般的に書いたもの。

そして、x を y におき換えて、いま書いたものと別の $m \times n$ 行列を準備しよう。

$$\begin{pmatrix} y_{11} & \cdots & y_{1n} \\ \vdots & \ddots & \vdots \\ y_{m1} & \cdots & y_{mn} \end{pmatrix}$$

ここで、

行列の和は必ずサイズが同じもので定義される

ことを覚えておいてほしい。サイズが異なる行列の和は計算できない。だから同じサイズの行列をもう1つ準備したんだね。

ところで、ベクトルと同じように、行列の中身のそれぞれの数のことを成分といいます。その成分がどの行とどの列にあるかということで、場所を表すんだ。たとえば、1行1列にある成分 x_{11} のことを $(1,1)$ 成分、2行3列にある成分 x_{23} を $(2,3)$ 成分っていうように。

行列どうしの和の定義は、ベクトルのときと全く一緒で、同じ場所にある成分どうし足し算したものを成分とする新しい行列を、それらの行列の和と考えるんだ。

> **▶‖ 行列の和の定義**
>
> $$\begin{pmatrix} \overset{m \times n}{x_{11}} & \cdots & x_{1n} \\ \vdots & \ddots & \vdots \\ x_{m1} & \cdots & x_{mn} \end{pmatrix} + \begin{pmatrix} \overset{m \times n}{y_{11}} & \cdots & y_{1n} \\ \vdots & \ddots & \vdots \\ y_{m1} & \cdots & y_{mn} \end{pmatrix} = \begin{pmatrix} x_{11}+y_{11} & \cdots & x_{1n}+y_{1n} \\ \vdots & \ddots & \vdots \\ x_{m1}+y_{m1} & \cdots & x_{mn}+y_{mn} \end{pmatrix}$$

> 同じ場所どうしを足すから、添え字が同じものを足すことになって、新しい行列も $m \times n$ 行列ね。

　文字で書くと少し混乱するので、2×2 行列の具体例で見ておいて安心しましょう。実際に成分に数を入れた例で見ると難しくないことがわかるね。

example 2

$$\begin{pmatrix} 1 & 2 \\ 3 & 4 \end{pmatrix} + \begin{pmatrix} -1 & 0 \\ 9 & -2 \end{pmatrix} = \begin{pmatrix} 1-1 & 2+0 \\ 3+9 & 4-2 \end{pmatrix} = \begin{pmatrix} 0 & 2 \\ 12 & 2 \end{pmatrix}$$

2-2 行列のスカラー倍

　次に、ベクトルと同じように行列のスカラー倍の演算を考えましょう。

　一般的な行列をとってきたものを c 倍します。そうすると、こういう新しい行列になりますよ、ということ。

> **▶‖ 行列のスカラー倍の定義**
>
> $$c \begin{pmatrix} x_{11} & \cdots & x_{1n} \\ \vdots & \ddots & \vdots \\ x_{m1} & \cdots & x_{mn} \end{pmatrix} = \begin{pmatrix} cx_{11} & \cdots & cx_{1n} \\ \vdots & \ddots & \vdots \\ cx_{m1} & \cdots & cx_{mn} \end{pmatrix}$$

　文字で見ると、うーんってなってしまう人もいるかも知れないから、ここでも具体例を見て安心しましょう。今度は、縦と横でサイズが異なる行列、

たとえば2行3列の行列を考えようか。この行列を3倍したら各成分が3倍されるだけ。単純でしょ。

example 3

$$3\begin{pmatrix} 1 & 2 & 0 \\ 4 & -1 & 3 \end{pmatrix} = \begin{pmatrix} 3\times1 & 3\times2 & 3\times0 \\ 3\times4 & 3\times(-1) & 3\times3 \end{pmatrix} = \begin{pmatrix} 3 & 6 & 0 \\ 12 & -3 & 9 \end{pmatrix}$$

●**行列の差の演算**　ベクトルのときと同じように、差はどうなるかという話をするね。差は「これが差の定義です」というようなものを持ち出さなくても、いま話した和とスカラー倍だけで話が完結するのね。A, B は行列を表すとして、行列の差は次のように考えればいい。

$$A - B = A \overset{\text{和}}{+} \overset{\text{スカラー倍}}{(-1)B}$$

ベクトルと同じように、実際の計算は各成分どうし引き算になる。

3. 行列どうしの積

今回の授業で最後に話す演算が行列どうしの積なんだけども、これが一番の曲者になります。がんばりましょう。

3-1 積の定義

$$A = \begin{pmatrix} x_{11} & \cdots & x_{1m} \\ \vdots & \ddots & \vdots \\ x_{l1} & \cdots & x_{lm} \end{pmatrix}$$
$l \times m$ 行列

右下の成分をよく見てほしい。
添え字の左側の数字が l 番まであるから行は l 個、
列は添え字の右側の数字が m 番まであるから m 個。
つまり $l \times m$ 行列だね。

まず、列が m 個の行列 A に別の行列 B をかけるには、行列 A の列と行列 B の行が同じ m でないといけないのね。いまは何を言ってるのかわからなくても、ちょっと我慢してついてきてほしい。

行列 B の列を k 個としよう。この行列は、行が m だから、$m \times k$ 行列に

なるね。そうじゃないと行列のかけ算はできないんだ。

$$B = \begin{pmatrix} y_{11} & \cdots & y_{1k} \\ \vdots & \ddots & \vdots \\ y_{m1} & \cdots & y_{mk} \end{pmatrix}$$

行列のかけ算、たとえば行列 A と B の積は次のように書く。普通の数のかけ算のように $\times$ を書かずに並べてあげるだけで OK。

$$AB = \begin{pmatrix} x_{11} & \cdots & x_{1m} \\ \vdots & \ddots & \vdots \\ x_{l1} & \cdots & x_{lm} \end{pmatrix} \underbrace{\begin{pmatrix} y_{11} & \cdots & y_{1k} \\ \vdots & \ddots & \vdots \\ y_{m1} & \cdots & y_{mk} \end{pmatrix}}$$

$l \times m$ 行列　　　$m \times k$ 行列

同じ

> 行列 A にかける行列 B は、
> 行の個数が m 個、
> 列の個数が k 個っていう
> $m \times k$ 行列でなきゃいけない。
> 同じ部分に色をつけておくね。

じゃ、このかけ算を実際どうやるかっていうのは、いま書いてもおそらく意味がわからないと思うけど、**定義**として一度書いておこう。

$$\begin{pmatrix} x_{11} & \cdots & x_{1m} \\ \vdots & \ddots & \vdots \\ x_{l1} & \cdots & x_{lm} \end{pmatrix} \begin{pmatrix} y_{11} & \cdots & y_{1k} \\ \vdots & \ddots & \vdots \\ y_{m1} & \cdots & y_{mk} \end{pmatrix}$$

$$= \begin{pmatrix} (x_{11}y_{11}+\cdots+x_{1m}y_{m1}) & \cdots & (x_{11}y_{1k}+\cdots+x_{1m}y_{mk}) \\ \vdots & \ddots & \vdots \\ (x_{l1}y_{11}+\cdots+x_{lm}y_{m1}) & \cdots & (x_{l1}y_{1k}+\cdots+x_{lm}y_{mk}) \end{pmatrix}$$

この計算をよく見ると、

<u>前の行列の 1 行</u>と<u>後ろの行列の 1 列の積の和</u>が、<u>新しい行列の $(1,1)$ 成分</u>

$$\begin{pmatrix} x_{l1} & \cdots & x_{1m} \end{pmatrix} \times \begin{pmatrix} y_{11} \\ \vdots \\ y_{m1} \end{pmatrix} = x_{11}\,y_{11}+\cdots+x_{1m}\,y_{m1}$$

になっている。行列どうしの積の計算は、こんなふうに前の行列の㋹×後ろの行列の㋿でかけ算して足していくんだけど、何を言ってるのかわかんないと思うから、具体的な行列を使って詳しく説明するね。

3-2 具体例

example 4

$$\begin{pmatrix} 1 & 3 \\ -3 & 4 \end{pmatrix}\begin{pmatrix} 1 & 9 \\ 9 & 3 \end{pmatrix}$$

　まず先頭の行列の1行を見る。そして、右側に書いた行列の1列を見る。これらの1行目と1列目の成分を順番にかけたものを足していく。何を言ってるかっていうと、$\underline{1 \times 1 + 3 \times 9 = 28}$ というふうに計算して得た 28 というのが新しい行列の(1,1)成分になるということなんだ。

　まだ悩ましいと思うから、もう少し計算を続けよう。

　次に、新しい行列の(1,2)成分を計算しようか。これははじめの行列の1行と右側にかけた行列の2列目の積の和をとればいい。計算すると、$\underline{1 \times 9}$ $\underline{+ 3 \times 3 = 18}$。こんなふうにやっていけばいい。

　他の場所も同じようにやっていく。新しい行列の(2,1)成分は、-3×1 $+ 4 \times 9 = 33$。(2,2)成分も同じで、2行と2列のかけ算の和だから -3×9 $+ 4 \times 3 = -15$ っていうふうにやっていく。

$$2\,\text{行} \begin{pmatrix} 1 & 3 \\ -3 & 4 \end{pmatrix} \overset{\overset{\displaystyle 1}{\text{列}}}{\begin{pmatrix} 1 & 9 \\ 9 & 3 \end{pmatrix}} = \begin{pmatrix} \bullet & \bullet \\ \underset{\boxed{33}}{\overset{(2,1)\,\text{成分}}{}} & \bullet \end{pmatrix}$$

$$2\,\text{行} \begin{pmatrix} 1 & 3 \\ -3 & 4 \end{pmatrix} \overset{\overset{\displaystyle 2}{\text{列}}}{\begin{pmatrix} 1 & 9 \\ 9 & 3 \end{pmatrix}} = \begin{pmatrix} \bullet & \bullet \\ \bullet & \underset{\boxed{-15}}{\overset{(2,2)\,\text{成分}}{}} \end{pmatrix}$$

だから、答えは以下の通りだ。

$$\begin{pmatrix} 1 & 3 \\ -3 & 4 \end{pmatrix} \begin{pmatrix} 1 & 9 \\ 9 & 3 \end{pmatrix} = \begin{pmatrix} 28 & 18 \\ 33 & -15 \end{pmatrix}$$

視点を変えながらもう少し具体例を見ていこう。

---

example 5

$$\begin{pmatrix} 1 & 0 & 1 \\ -2 & 2 & 0 \\ -1 & -2 & 0 \end{pmatrix} \begin{pmatrix} 3 & 3 & 0 \\ 2 & -1 & 0 \\ 0 & 1 & -2 \end{pmatrix}$$

　説明しやすくするために、1つめの行列をA, それにかける行列をBとしよう。それらのかけ算の結果も当然3×3になるんだけど、たとえば、その行列の$(2,2)$成分がどうなるかを計算してみよう。

　行列Aの2行と行列Bの2列を選んで、 **example 4** と同じようにこの積の和を計算すると、$-2 \times 3 + 2 \times (-1) + 0 \times 1 = -8$ となるね。

$$2\,\text{行} \begin{pmatrix} 1 & 0 & 1 \\ -2 & 2 & 0 \\ -1 & -2 & 0 \end{pmatrix} \overset{\overset{\displaystyle 2}{\text{列}}}{\begin{pmatrix} 3 & 3 & 0 \\ 2 & -1 & 0 \\ 0 & 1 & -2 \end{pmatrix}} = \begin{pmatrix} \bullet & \bullet & \bullet \\ \bullet & \underset{\boxed{-8}}{\overset{(2,2)\,\text{成分}}{}} & \bullet \\ \bullet & \bullet & \bullet \end{pmatrix}$$

　次に$(3,2)$成分がどうなるか考えてみよう。これは、3行と2列の積の和を考えてあげればいいから、3行目と2列目をピックアップして積の和をとる。そうすると、$-1 \times 3 + (-2) \times (-1) + 0 \times 1 = -1$。

$$3 行 \begin{pmatrix} 1 & 0 & 1 \\ -2 & 2 & 0 \\ -1 & -2 & 0 \end{pmatrix} \begin{pmatrix} \overset{2列}{3} & 3 & 0 \\ 2 & -1 & 0 \\ 0 & 1 & -2 \end{pmatrix} = \begin{pmatrix} \bullet & \bullet & \bullet \\ \bullet & \bullet & \bullet \\ \bullet & \underset{(3,2)成分}{\boxed{-1}} & \bullet \end{pmatrix}$$

さらに $(1,1)$ 成分は 1 行と 1 列の積の和だから、$1 \times 3 + 0 \times 2 + 1 \times 0 = 3$、$(1,2)$ 成分は 1 行と 2 列の積の和だから、$1 \times 3 + 0 \times (-1) + 1 \times 1 = 4$ というふうに、他の部分も同じように埋めていって完成させるとこんなふうになる。

$$\begin{pmatrix} 1 & 0 & 1 \\ -2 & 2 & 0 \\ -1 & -2 & 0 \end{pmatrix} \begin{pmatrix} 3 & 3 & 0 \\ 2 & -1 & 0 \\ 0 & 1 & -2 \end{pmatrix} = \begin{pmatrix} 3 & 4 & -2 \\ -2 & -8 & 0 \\ -7 & -1 & 0 \end{pmatrix}$$

まぁ実際には左上の成分から埋める人がほとんどだと思うけど、ここではあくまで練習だと思ってね。

最後に行列が正方形でない場合の例をやってみようか。

example 6

$$\begin{pmatrix} 1 & 0 \\ 4 & 1 \\ -1 & 2 \end{pmatrix} \begin{pmatrix} 1 & 3 \\ 2 & -1 \end{pmatrix}$$

これは 3 行 2 列の行列と 2 行 2 列の行列の積だけど、前の行列の列と後ろの行列の行が同じだから積が定義できる。じゃ、新しい行列はどういう形になるかっていうと、3 行 2 列で成分が 6 個ある行列になるのね。

$$\begin{pmatrix} 1 & 0 \\ 4 & 1 \\ -1 & 2 \end{pmatrix} \begin{pmatrix} 1 & 3 \\ 2 & -1 \end{pmatrix} = \begin{pmatrix} \bullet & \bullet \\ \bullet & \bullet \\ \bullet & \bullet \end{pmatrix}$$

③×② ②×△ 同じ ③×△

$(1,1)$成分から求めていこう。先頭にある行列の1行と右側の行列の1列を見る。これらの積の和をとると、$1 \times 1 + 0 \times 2 = 1$だから$(1,1)$成分は$1$。

$$1行 \begin{pmatrix} \cancel{1 \quad 0} \\ 4 \quad 1 \\ -1 \quad 2 \end{pmatrix} \overset{1列}{\begin{pmatrix} 1 & 3 \\ 2 & -1 \end{pmatrix}} = \overset{(1,1)成分}{\begin{pmatrix} \boxed{1} & \bullet \\ \bullet & \bullet \\ \bullet & \bullet \end{pmatrix}}$$

$(1,2)$成分は元の行列の1行と2列の積の和だから$1 \times 3 + 0 \times (-1) = 3$。$(2,1)$成分も同様に元の行列の$2$行と$1$列の積の和だから$4 \times 1 + 1 \times 2 = 6$。

$$\begin{matrix} 1行 \\ 2行 \end{matrix} \begin{pmatrix} \cancel{1 \quad 0} \\ \cancel{4 \quad 1} \\ -1 \quad 2 \end{pmatrix} \overset{1列 \quad 2列}{\begin{pmatrix} 1 & 3 \\ 2 & -1 \end{pmatrix}} = \begin{pmatrix} \bullet & \overset{(1,2)成分}{\boxed{3}} \\ \underset{(2,1)成分}{\boxed{6}} & \bullet \\ \bullet & \bullet \end{pmatrix}$$

他の成分も、$(2,2)$成分は2行と2列の積の和$4 \times 3 + 1 \times (-1) = 11$、$(3,1)$成分は$3$行と$1$列の積の和$(-1) \times 1 + 2 \times 2 = 3$、$(3,2)$成分は$3$行と$2$列の積の和$(-1) \times 3 + 2 \times (-1) = -5$。

そうすると答えは次のようになるね。

$$\begin{pmatrix} 1 & 0 \\ 4 & 1 \\ -1 & 2 \end{pmatrix} \begin{pmatrix} 1 & 3 \\ 2 & -1 \end{pmatrix} = \begin{pmatrix} 1 & 3 \\ 6 & 11 \\ 3 & -5 \end{pmatrix}$$

3-3 非可換性

この授業の最後に、**非可換性**という行列の積に関する注意をしておきましょう。まず**可換**から説明すると、

可換＝入れ替えてもよい

ってことね。これに**非**がつくと

非可換＝入れ替えちゃダメ

っていう性質になる。何を言ってるかというと、一般に行列というのは、かける順番を逆にすると同じ行列にはならないということ。つまり

$$AB \neq BA$$

ということなんだ。

　具体例で見てみようか。面倒くさい計算をしたくないから 2×2 でやってみる。行列 A を $\begin{pmatrix} 1 & 2 \\ 0 & 3 \end{pmatrix}$、行列 B を $\begin{pmatrix} 2 & 0 \\ 4 & 1 \end{pmatrix}$ として、行列の積 AB と、その積の順番を入れ換えた BA を計算してみよう。これ、同じになってないね。

$$\begin{pmatrix} 1 & 2 \\ 0 & 3 \end{pmatrix}\begin{pmatrix} 2 & 0 \\ 4 & 1 \end{pmatrix} = \begin{pmatrix} 10 & 2 \\ 12 & 3 \end{pmatrix} \longleftarrow$$
$$\begin{pmatrix} 2 & 0 \\ 4 & 1 \end{pmatrix}\begin{pmatrix} 1 & 2 \\ 0 & 3 \end{pmatrix} = \begin{pmatrix} 2 & 4 \\ 4 & 11 \end{pmatrix} \longleftarrow$$

別物

　普通の数の場合、いままで習ってきたように、かけ算は順番をどんなふうに入れ替えても結果は同じ。つまり、可換だったんだけれども、行列の積は一般に非可換なんだね。ただ例外もあって、かけ算の順番を入れ替えてもたまたま結果が同じになるものもある。でも、これが常に成り立つわけでなくて、一般には AB と BA は別物だよって言ってるのね。これが、行列の積の性質で一番特徴的なものになります。強調したいのは、普通の数のかけ算とは違うんだということ。

　さて、ここまで聞いてみて、
「なんで行列の積ってこんなややこしいめんどくさい計算するんだよ！？」
ってたぶんイライラしてるよね。これはある意味仕方ないことで、自分も最初はイライラしたんだけども、このイライラは、次の授業で解消されることになります。

　少しだけネタバレしておくとね、こうやって積を定義することによって、ビックリするくらい美しい性質が導かれるのよ。（☞第3講**一次変換**）あまりネタをバラしてしまうと次の授業を受けなくていいかなって思うから、これぐらいにしておきましょう。

　今回はこれでおしまいです。お疲れさまでした。

行列

●行列…数を縦横に並べたもの

ex.

$$\begin{pmatrix} 1 & 2 \\ 3 & 4 \end{pmatrix}, \quad \begin{pmatrix} 1 & 0 & 2 \\ 3 & 4 & -1 \\ 2 & 3 & -4 \end{pmatrix}, \quad \begin{pmatrix} 1 & 9 & 9 & 3 \\ 0 & 2 & 2 & 6 \end{pmatrix}$$

行 →
列 ↓

2×2行列　　3×3行列　　2×4行列

※　$m \times 1$ 行列 → m 次元列ベクトル

$1 \times n$ 行列 → n 次元行ベクトル

┌─── 記法 ───┐
│　$A, B, \cdots$　│
└──────────┘

★演算法則

1. 和

$$\begin{pmatrix} x_{11} & \cdots & x_{1n} \\ \vdots & \ddots & \vdots \\ x_{m1} & \cdots & x_{mn} \end{pmatrix} \overset{m \times n}{} + \begin{pmatrix} y_{11} & \cdots & y_{1n} \\ \vdots & \ddots & \vdots \\ y_{m1} & \cdots & y_{mn} \end{pmatrix} \overset{m \times n}{}$$

$$= \begin{pmatrix} x_{11}+y_{11} & \cdots & x_{1n}+y_{1n} \\ \vdots & \ddots & \vdots \\ x_{m1}+y_{m1} & \cdots & x_{mn}+y_{mn} \end{pmatrix}$$

$m \times n$

ex.

$$\begin{pmatrix} 1 & 2 \\ 3 & 4 \end{pmatrix} + \begin{pmatrix} -1 & 0 \\ 9 & -2 \end{pmatrix}$$

$$= \begin{pmatrix} 0 & 2 \\ 12 & 2 \end{pmatrix}$$

2. スカラー倍

$$c\begin{pmatrix} x_{11} & \cdots & x_{1n} \\ \vdots & \ddots & \vdots \\ x_{m1} & \cdots & x_{mn} \end{pmatrix} = \begin{pmatrix} cx_{11} & \cdots & cx_{1n} \\ \vdots & \ddots & \vdots \\ cx_{m1} & \cdots & cx_{mn} \end{pmatrix}$$

ex.

$$3\begin{pmatrix} 1 & 2 & 0 \\ 4 & -1 & 3 \end{pmatrix} = \begin{pmatrix} 3 & 6 & 0 \\ 12 & -3 & 9 \end{pmatrix}$$

※差は

和　　　スカラー倍

$$A - B = A + (-1)B$$

と考える

3. 積

$$\begin{pmatrix} x_{11} & \cdots & x_{1m} \\ \vdots & \ddots & \vdots \\ x_{l1} & \cdots & x_{lm} \end{pmatrix} \begin{pmatrix} y_{11} & \cdots & y_{1k} \\ \vdots & \ddots & \vdots \\ y_{m1} & \cdots & y_{mk} \end{pmatrix}$$

$l \times m$ 行列　　　$m \times k$ 行列

同じ

$$= \begin{pmatrix} x_{11}y_{11}+\cdots+x_{1m}y_{m1} & \cdots & x_{11}y_{1k}+\cdots+x_{1m}y_{mk} \\ \vdots & \ddots & \vdots \\ x_{l1}y_{11}+\cdots+x_{lm}y_{m1} & \cdots & x_{l1}y_{1k}+\cdots+x_{lm}y_{mk} \end{pmatrix}$$

ex.

1行　1列　(1,1)成分　(1,2)成分
$$\begin{pmatrix} 1 & 3 \\ -3 & 4 \end{pmatrix}\begin{pmatrix} 1 & 9 \\ 9 & 3 \end{pmatrix} = \begin{pmatrix} 28 & 18 \\ 33 & -15 \end{pmatrix}$$

2列
(2,2)
2行
$$\begin{pmatrix} 1 & 0 & 1 \\ 2 & 2 & 0 \\ -1 & -2 & 0 \end{pmatrix}\begin{pmatrix} 3 & 3 & 0 \\ 2 & -1 & 0 \\ 0 & 1 & -2 \end{pmatrix} = \begin{pmatrix} 3 & 4 & -2 \\ 10 & -8 & 0 \\ -7 & -1 & 0 \end{pmatrix}$$
(3,2)

(1,1)
$$\begin{pmatrix} 1 & 0 \\ 4 & 1 \\ -1 & 2 \end{pmatrix}\begin{pmatrix} 1 & 3 \\ 2 & 1 \end{pmatrix} = \begin{pmatrix} 1 & 3 \\ 6 & 11 \\ 3 & -5 \end{pmatrix}$$
(1,2)

$3 \times ②$　　$② \times 2$

※非可換性

一般に　$AB \neq BA$

ex.

$$\begin{pmatrix} 1 & 2 \\ 0 & 3 \end{pmatrix}\begin{pmatrix} 2 & 0 \\ 4 & 1 \end{pmatrix} = \begin{pmatrix} 10 & 2 \\ 12 & 3 \end{pmatrix}$$

$$\begin{pmatrix} 2 & 0 \\ 4 & 1 \end{pmatrix}\begin{pmatrix} 1 & 2 \\ 0 & 3 \end{pmatrix} = \begin{pmatrix} 2 & 4 \\ 4 & 11 \end{pmatrix}$$

別物

第２講で行列の積の定義を扱ったんだけど、「なんで行列の式ってこんなややこしいめんどくさい計算するんだよ？」ってイライラしたよね。このイライラは、今から話す一次変換というものを学ぶと解消されると思う。

1. 一次変換とは何か

一次変換をやる上で、行列ってこういうものだと思ってほしい。

（★）ベクトルを別のベクトルに変えるもの

1-1 行列とベクトルの積

実際に、線形代数を勉強していくうえで(★)の視点ってすごく大切なんだ。もちろん今回のテーマである一次変換を理解するのにも役に立つ。何を言ってるのかよくわからないと思うから、まずは具体例を見ていきましょう。

●**具体例**　たとえば、ベクトル $\begin{pmatrix} 2 \\ 1 \end{pmatrix}$ に左から行列 $\begin{pmatrix} 1 & 2 \\ 0 & 3 \end{pmatrix}$ をかけるということは、ベクトルに行列を作用させて別のベクトルに変えるということ。

$$\underbrace{\begin{pmatrix} 1 & 2 \\ 0 & 3 \end{pmatrix}}_{\text{変換}} \overset{\text{作用}}{\underbrace{\begin{pmatrix} 2 \\ 1 \end{pmatrix}}_{\text{旧}}} = \underbrace{\begin{pmatrix} 4 \\ 3 \end{pmatrix}}_{\text{新}}$$

確かに、ここで行列の役割は、旧ベクトル $\begin{pmatrix} 2 \\ 1 \end{pmatrix}$ を新ベクトル $\begin{pmatrix} 4 \\ 3 \end{pmatrix}$ に変えるもの、ということになっている。

気をつけてほしいのは、$\begin{pmatrix} 2 \\ 1 \end{pmatrix}$ を 2 行 1 列の行列と考えて、行列どうしの積の法則（☞第 2 講 **3-1**）に従って計算するということね。実際、新しいベクトルの成分をそれぞれ計算すると、

(1,1)成分は $\overset{1行}{\begin{pmatrix} 1 & 2 \\ 0 & 3 \end{pmatrix}}$ と $\overset{1列}{\begin{pmatrix} 2 \\ 1 \end{pmatrix}}$ の積の和だから $1 \times 2 + 2 \times 1 = 4$

(2,1)成分は、$\overset{2行}{\begin{pmatrix} 1 & 2 \\ 0 & 3 \end{pmatrix}}$ と $\overset{1列}{\begin{pmatrix} 2 \\ 1 \end{pmatrix}}$ の積の和だから $0 \times 2 + 3 \times 1 = 3$

となって、$\begin{pmatrix} 4 \\ 3 \end{pmatrix}$ というベクトル（行列）になる。

1-2 図形的なイメージ

いま話したことを図で表してみるともう少しわかりやすいと思う。2 次元ベクトルだから x–y 座標平面上で考えよう。$\begin{pmatrix} 2 \\ 1 \end{pmatrix}$ は x 成分が 2、y 成分が 1 だから矢印のベクトルで表すことができて、これを赤い矢印で書こうか。次に、$\begin{pmatrix} 2 \\ 1 \end{pmatrix}$ に行列を作用させた後のベクトル $\begin{pmatrix} 4 \\ 3 \end{pmatrix}$ は、x 成分が 4、y 成分が 3 だから、これはグレーの矢印のベクトルで書いておこう。

行列の役割は、赤い矢印ベクトルをグレーの矢印ベクトルに変えるものだっていうわけね。

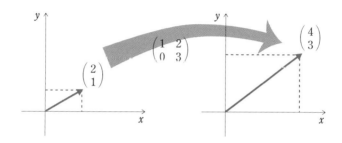

ここでは具体例として成分を2つもつ2次元のベクトルを使ったわけだけども、3次元もしくは4次元でも同じように考えることができる。3次元のベクトルに3×3行列を作用させれば、別の3次元ベクトルに変わるし、4次元ベクトルを考えて4×4行列を作用させれば、別の4次元ベクトルに変わるわけだね。

　鋭い人のために言っておくと、行列って必ずしも正方形の形だとは限らないよね。行と列の数が同じ行列を**正方行列**っていうんだけども、正方行列でない行列をベクトルに作用させるとどうなるかな。例えば、3次元ベクトルに2×3行列を作用させると2次元ベクトルに変わってしまう、というように元のベクトルの次元が増えたり減ったりするんだ。

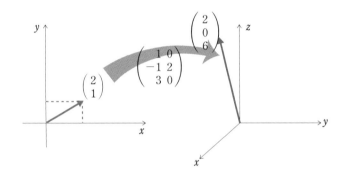

　いずれにせよ、行列の役割はベクトルを別のベクトルに変えるものになってるということがこの節のポイントね。

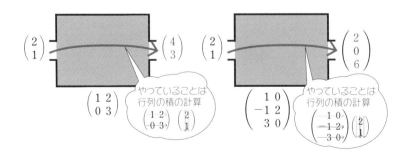

2. 一次変換とは

　これまで具体例を見てきたので、ここではもう少し一般的にまとめてから、**一次変換**について説明しましょう。

　行列を A、元のベクトルを $\boldsymbol{x}$、行列 A を作用させた後のベクトルを $\boldsymbol{x}'$ と書くことにすると、$A\boldsymbol{x} = \boldsymbol{x}'$ だね。数学では何かしら作用を受けたものは左辺に書く習慣があるから、ベクトル $\boldsymbol{x}'$ を左辺に書く。

$$\boldsymbol{x}' = A\boldsymbol{x}$$

　これを行列 A で与えられる**線形写像**という。特に $\boldsymbol{x}$ と $\boldsymbol{x}'$ が同じ次元のとき、行列 A で与えられる**線形変換（一次変換）**という。

　たとえば、p.32 具体例は 2 次元ベクトルが別の 2 次元ベクトルに変わっているから、行列 $\begin{pmatrix} 1 & 2 \\ 0 & 3 \end{pmatrix}$ で与えられる一次変換だね。

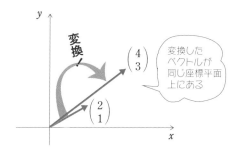

　ここで、一次変換の一次という部分について少し補足しておこう。話を簡単にするために 2 次元で考えることにする。一般的に考えたいので、ベクトルの成分を例えば $\begin{pmatrix} x \\ y \end{pmatrix}$ というように文字で書いておこう。これを元のベクトルと同じ 2 次元ベクトルに変換するためには、2×2 行列を作用させればいいね。この行列も一般的に表したいから各成分を文字で書いて、$\begin{pmatrix} a & b \\ c & d \end{pmatrix}$ としよう。一次変換っていうのは何をしているかというと、実際はベクトルに行列をかけ算しているに過ぎないんだったね。だから、計算してみると

$$\begin{pmatrix} a & b \\ c & d \end{pmatrix} \begin{pmatrix} x \\ y \end{pmatrix} = \begin{pmatrix} ax+by \\ cx+dy \end{pmatrix} \qquad \cdots(*)$$

$\underbrace{}_{x,\,y\,\text{の1次式}}$

というふうになる。この結果出てきた2次元ベクトルの成分を見てみると、元のベクトルの成分 x, y を定数倍したものの和になっているね。つまり変換した結果、x, y の1次式になるので、この意味で一次変換っていいます。

　話したいことはもっとたくさんあるんだけども、今の段階ではこんな感じの理解で十分でしょう。行列というのはベクトルをベクトルに変換するものっていうイメージを持ってほしい、ということは繰り返し言ってきたよね。いまここで付け加えたいことは、行列は $(*)$ というルールでベクトルをベクトルに変換するものだ、っていうことなんだ。

3. 行列の積の意味

それでは、ずっとモヤモヤしていた

 行列の積の定義ってどうしてあんなふうにややこしいの？

という疑問を解決していきたいと思います。

3-1 行列 A で変換した後に行列 B で変換

まずは具体例を見てみましょう。

---

example 1

$x = \begin{pmatrix} 2 \\ 1 \end{pmatrix}$ を $A = \begin{pmatrix} 1 & 2 \\ 0 & 3 \end{pmatrix}$ で変換した後、$B = \begin{pmatrix} 0 & 1 \\ -1 & 2 \end{pmatrix}$ で変換せよ。

この通りやってみよう。まず、$\begin{pmatrix} 2 \\ 1 \end{pmatrix}$ っていうベクトルを行列 $\begin{pmatrix} 1 & 2 \\ 0 & 3 \end{pmatrix}$ で変換しなさいって言ってるんだけど、これは p.32 の具体例の式と全く同じ計算なので、結果だけ書くと

$$\begin{pmatrix} 1 & 2 \\ 0 & 3 \end{pmatrix}\begin{pmatrix} 2 \\ 1 \end{pmatrix} = \begin{pmatrix} 4 \\ 3 \end{pmatrix}$$

次に、この変換後のベクトル $\begin{pmatrix} 4 \\ 3 \end{pmatrix}$ をさらに、$B = \begin{pmatrix} 0 & 1 \\ -1 & 2 \end{pmatrix}$ という行列で変換させるには

$$\begin{pmatrix} 0 & 1 \\ -1 & 2 \end{pmatrix}\begin{pmatrix} 4 \\ 3 \end{pmatrix}$$

という計算をすればいいね。この行列のかけ算をした結果、$\begin{pmatrix} 3 \\ 2 \end{pmatrix}$ というベクトルになる。

$$\begin{pmatrix} 0 & 1 \\ -1 & 2 \end{pmatrix}\begin{pmatrix} 4 \\ 3 \end{pmatrix} = \begin{pmatrix} 3 \\ 2 \end{pmatrix}$$

さて、ここまでは問題の指示通りにやっただけなので「あ〜そうんだ」って感じで何も思わないかもしれないね。

ここからは、いまやった**続けて一次変換**することが何だったのかを、もう少し詳しく考えてみよう。

$\boxed{\text{example 1}}$ では具体的な 2 次元ベクトルでやったけど、ここでは元のベクトル $\begin{pmatrix} 2 \\ 1 \end{pmatrix}$ を $\boldsymbol{x}$ と表すことにしよう。そして、この $\boldsymbol{x}$ を行列 A で変換したベクトルを $\boldsymbol{x}'$ って書くことにする。$\boxed{\text{example 1}}$ では、1 回変換した $\boldsymbol{x}'$ を行列 B でもう 1 回変換したけど、この 2 回変換した後のベクトルを $\boldsymbol{x}''$ としよう。

$$\overset{A}{\begin{pmatrix} 1 & 2 \\ 0 & 3 \end{pmatrix}}\overset{\boldsymbol{x}}{\begin{pmatrix} 2 \\ 1 \end{pmatrix}} = \overset{\boldsymbol{x}'}{\begin{pmatrix} 4 \\ 3 \end{pmatrix}}$$

$$\overset{B}{\begin{pmatrix} 0 & 1 \\ -1 & 2 \end{pmatrix}}\overset{\boldsymbol{x}'}{\begin{pmatrix} 4 \\ 3 \end{pmatrix}} = \overset{\boldsymbol{x}''}{\begin{pmatrix} 3 \\ 2 \end{pmatrix}}$$

つまり、先にベクトル $\boldsymbol{x}$ に行列 A を作用させて $\boldsymbol{x}'$ を作り、その後に行列 B を作用させて $\boldsymbol{x}''$ を作ったってことだから、まとめて書くとこうなる。

$$\boldsymbol{x}'' = B(A\boldsymbol{x}) \qquad \cdots ①$$

3-2　行列の積 BA で変換

[example 1] でやったことを一般的に表した①を見て、1つ疑問がわく
わけだ。普通の数だったら （）の位置を変えても構わないから、

$$B(Ax) = (BA)x$$

ってやりたくなるよね。もちろん行列でこういうことをやっていいかはわか
らないけども、

「先に B と A をかけ算して行列 BA を作って、

それを x に作用させた結果はどうなるんだろう」

って思わない？　計算して確かめたくなるよね。

●BA を x に作用させてみる　では、試しに B と A の積を $x = \begin{pmatrix} 2 \\ 1 \end{pmatrix}$ に
作用させてみよう。そのために先に B と A の積を計算しておくよ。

$$\overset{B}{\begin{pmatrix} 0 & 1 \\ -1 & 2 \end{pmatrix}} \overset{A}{\begin{pmatrix} 1 & 2 \\ 0 & 3 \end{pmatrix}} = \overset{BA}{\begin{pmatrix} 0 & 3 \\ -1 & 4 \end{pmatrix}}$$

> 行列の積の計算の復習
> だと思ってやろう！

この、B に A をかけてできた新しい行列 BA を、直接 x にかけたらどうな
るか？　っていうことだよね。とにかく計算してみると…

$$\overset{BA}{\begin{pmatrix} 0 & 3 \\ -1 & 4 \end{pmatrix}} \overset{x}{\begin{pmatrix} 2 \\ 1 \end{pmatrix}} = \overset{x''}{\begin{pmatrix} 3 \\ 2 \end{pmatrix}}$$

なんとさっきやった計算と全く同じになる。つまり、BA を先に計算して
x に作用させたものは、x に A を作用させてから B を作用させたものと同じ
っていう結果になったんだよね。これを記号でまとめて書くと

$$x'' = (BA)x \qquad \qquad \cdots ②$$

①、②から次のことがわかる。

$$B(Ax) = (BA)x \qquad \qquad \cdots ③$$

> 行列 A で変換させたベクトル
> をさらに B で変換

> 先に行列の積 BA をとってから、
> その行列で元のベクトルを変換

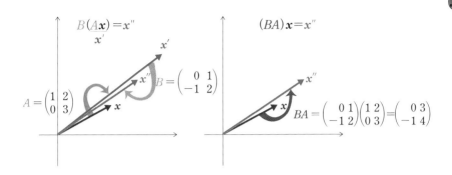

ここでやったのは具体例にすぎないんだけど、じつはこの関係は一般に成り立つんだね。(☞簡単な一般のケースの証明は **3-3** でやるよ！)

これ、嬉しくない？　メチャメチャきれいだと思わない？

この性質ってどこから来るのかというと、**行列の積**をクロスしてかけ算…というややこしいルールで定義したおかげなんだ。この定義の恩恵を理解するためには、簡単なケースで実際に証明してみるのが一番いいと思う。

3-3　2×2行列での証明

$n \times n$ の行列でやるのは少し骨が折れるので、ここでは、本質を失わない程度に簡略化して、2×2行列の場合で証明しましょう。

できるだけ一般的にやりたいので、具体的な数じゃなくて文字を使って話を進めていくね。2次元ベクトル $\boldsymbol{x}$ と、2つの2×2行列 A, B をそれぞれ

$$\boldsymbol{x} = \begin{pmatrix} x \\ y \end{pmatrix}, \quad A = \begin{pmatrix} a & b \\ c & d \end{pmatrix}, \quad B = \begin{pmatrix} e & f \\ g & h \end{pmatrix}$$

とおく。このとき、次の関係が成り立つことを示したい。

$$B(A\boldsymbol{x}) = (BA)\boldsymbol{x} \qquad \cdots ③$$

まず③の左辺を具体的に書いて、計算してみよう。注意してほしいのは、必ずカッコでくくってある $A\boldsymbol{x}$ から計算するということね。わかりやすくするために、先に計算する部分に赤で色をつけておこう。

$$B(Ax) = \begin{pmatrix} e & f \\ g & h \end{pmatrix} \left\{ \begin{pmatrix} a & b \\ c & d \end{pmatrix} \begin{pmatrix} x \\ y \end{pmatrix} \right\}$$

先に {} の中身を計算すると、行列の積の計算から次のようになる。

$$\begin{pmatrix} a & b \\ c & d \end{pmatrix} \begin{pmatrix} x \\ y \end{pmatrix} = \begin{pmatrix} \boxed{ax+by} \\ \boxed{cx+dy} \end{pmatrix}$$

$ax+by,\ cx+dy$ はそれぞれ 1 つの数だから 2 次元ベクトル。

次に、行列 $B = \begin{pmatrix} e & f \\ g & h \end{pmatrix}$ をこの 2 次元ベクトル $\begin{pmatrix} ax+by \\ cx+dy \end{pmatrix}$ に作用させたものを考える。1 つ 1 つの成分が長いけど、これも 2 次元ベクトルになるね。

$$\begin{pmatrix} e & f \\ g & h \end{pmatrix} \begin{pmatrix} ax+by \\ cx+dy \end{pmatrix} = \begin{pmatrix} e(ax+by)+f(cx+dy) \\ g(ax+by)+h(cx+dy) \end{pmatrix}$$
$$= \begin{pmatrix} \boxed{(ea+fc)x+(eb+fd)y} \\ \boxed{(ga+hc)x+(gb+hd)y} \end{pmatrix}$$

長いけど、これで 1 つの数だからね。

ここで、最後に出てきた 2 次元ベクトルは、次のような行列とベクトルの積の形に書き換えられる。といっても見慣れないとわかりにくいかな。右辺を計算した結果が左辺に一致するという方がわかりやすいかもしれないね。

行列がベクトルに作用した形になっている！

x, y の係数を並べた行列を考える。

$$\begin{pmatrix} (ea+fc)x+(eb+fd)y \\ (ga+hc)x+(gb+hd)y \end{pmatrix} = \begin{pmatrix} ea+fc & eb+fd \\ ga+hc & gb+hd \end{pmatrix} \begin{pmatrix} x \\ y \end{pmatrix}$$

さらに、ここで出てきた

$$\begin{pmatrix} ea+fc & eb+fd \\ ga+hc & gb+hd \end{pmatrix}$$

っていう行列をよく見てほしい。これもまた慣れないと非常にわかりにくいんだけども、実は次のような 2 つの行列の積になっているんだ。

$$BA = \begin{pmatrix} e & f \\ g & h \end{pmatrix} \begin{pmatrix} a & b \\ c & d \end{pmatrix} = \begin{pmatrix} ea+fc & eb+fd \\ ga+hc & gb+hd \end{pmatrix}$$

だから、いままで出てきた結果を全部続けて書くと、

$$B(Ax) = \begin{pmatrix} e & f \\ g & h \end{pmatrix} \left\{ \begin{pmatrix} a & b \\ c & d \end{pmatrix} \begin{pmatrix} x \\ y \end{pmatrix} \right\}$$

$$= \begin{pmatrix} e & f \\ g & h \end{pmatrix} \begin{pmatrix} ax+by \\ cx+dy \end{pmatrix}$$

$$= \begin{pmatrix} (ea+fc)x + (eb+fd)y \\ (ga+hc)x + (gb+hd)y \end{pmatrix}$$

$$= \begin{pmatrix} ea+fc & eb+fd \\ ga+hc & gb+hd \end{pmatrix} \begin{pmatrix} x \\ y \end{pmatrix}$$

$$= (BA)x$$

これで、③の証明が終了。

　3×3行列の場合や正方行列でない場合でも、行列の積が定義されていれば同様に証明できる！

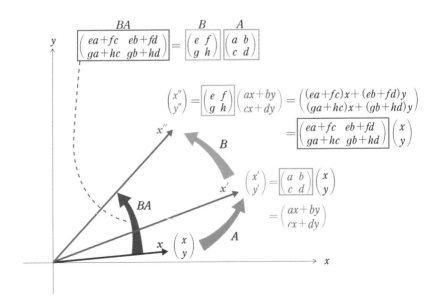

"行列の積の意味"の節の最後にポイントをまとめておきましょう。

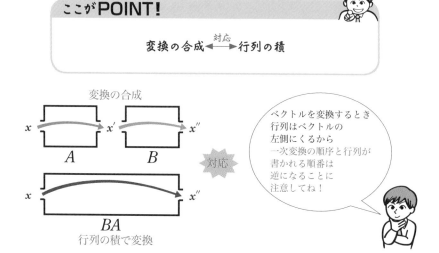

　ベクトル x を行列 A で変換してからさらに行列 B で変換をする、このような変換の合成を $B(Ax)$ と表す。これまでの議論から、じつはこれが行列の積 $(BA)x$ で表せるよ、ということになります。つまり、変換の合成はそのまま行列の積に対応する。これが行列の積の意味であり素晴らしさで、こういう美しい対応は、行列の積を第2講 **3-1** のように定義したからなんだね。

4. 行列の演算の性質

　ここまでは、ベクトルを別のベクトルに変換させるものという視点で行列の積の意味や性質について説明してきました。ここからは、第2講でやったようなややこしい積の定義のおかげで、行列は自然な演算法則が成り立つということを見ていきましょう。

4-1 行列の演算の8個の性質

まず、行列の演算の8個の性質をまとめておこう。k, lという小文字のアルファベットは、行列ではなくて普通の数のことね。ここでは、演算の性質

> 実数の範囲で考えれば実数、複素数の範囲で考えれば複素数のこと

を、和、スカラー倍、積に関する性質に分けて重要なものを説明していくね。

▶‖ **演算の性質まとめ**

和 $\begin{cases} (A+B)+C=A+(B+C) & \textbf{結合法則} \\ A+B=B+A & \textbf{交換法則} \end{cases}$

スカラー倍 $\begin{cases} k(A+B)=kA+kB & \textbf{分配法則1} \\ (k+l)A=kA+lA & \textbf{分配法則2} \\ (kl)A=k(lA) & \textbf{結合法則} \end{cases}$

積 $\begin{cases} (AB)C=A(BC) & \textbf{結合法則} \\ A(B+C)=AB+AC & \textbf{分配法則1} \\ (A+B)C=AC+BC & \textbf{分配法則2} \end{cases}$

●**和** 結合法則、交換法則、分配法則という数学用語から確認していこう。

まず和に関する結合法則というのはこういう性質だったね。

$$(A+B)+C=A+(B+C)$$

先に前の2つを先に足してもいいし、後ろの2つを先に足し算してもよい、つまり足し算をする順番は自由ですよっていうのが結合法則。普通の数の足し算では当たり前だと思うかもしれないけど、行列の足し算でもそういう性質があるよ、ということなんだ。これは、行列の和の定義（p.22）から具体的に成分計算すれば、簡単に証明できる。

次に和に関する交換法則。行列の和は前後を入れ替えても同じ計算結果を与えるっていうもの。これも行列の定義から明らかだよね。

$$A+B=B+A$$

●**スカラー倍**　スカラー倍に関しては結合法則と分配法則とがあるけど、ここでは分配法則を見てみよう。これは、全ての文字が普通の数みたいに

$$k(A+B) = kA + kB, \quad (k+l)A = kA + lA,$$

というように分配できるっていうことね。この性質も、行列の和とスカラー倍の定義（p.22）をみてあげればすぐに納得できるようなものなんだ。逆に、これが成り立たないほうが不自然だと思うくらいじゃないかな。

●**積**　注意しなければならないのが積に関する演算なんだ。まずは、<u>積に関する結合法則</u>から見ていこう。

$$(AB)C = A(BC)$$

　これは、積の順序を入れ替えなければかけ算する順番は自由だということね。証明は、**3-3**でやったように、2×2 行列で具体的に積の定義から計算すればできるから、是非やってみてね。ここで C というのは行列の意味なんだけど、行列の特別な場合がベクトルだから、C をベクトル x に置き換えても構わないね。そうすると p.38 ③の x を C におき換えた式が出てくるから、**変換の合成↔行列の積**という対応も積の結合法則に含まれることになる。

　最後に積に関する<u>分配法則</u>。

$$A(B+C) = AB + AC, \quad (A+B)C = AC + BC$$

　1 つめの式は、先に B と C の和をとってから左から A を作用させたものと、積 AB と積 AC の和というふうに計算したものは同じということ。2 つめの式も同じようなもので、先に A と B の和をとってから右から C を作用させると $AC + BC$ と同じになりますって言ってるのね。この性質も、2×2 行列で行列の和と積の定義から具体的に計算すれば証明できる。

　線形代数のような数学を勉強すると、はじめは「え？　当たり前のことたくさん書くなよ」って思うかもしれない。実際、はじめに挙げた 8 個の性質ってほぼ当たり前に見えるよね。だって行列を含む計算って…

　　"ほぼ"普通の数の計算と同じじゃん！

　いままで数の計算をするときに、和をとる順番なんて気にしたこともなかったし、深く考えないで順番をひっくり返して和をとっていたよね。分配法則だって当然成り立つと認めていたわけだし、実際、成り立っていたわけだから。

　でも、それらの性質が行列の世界でも成り立っていますよ、っていうのは決して当たり前のことじゃないんだ。実際に成り立っているのかどうかは、行列の和とかスカラー倍とか積の定義に戻って確かめなければいけない。

　わかってほしいのは、あのようなややこしい積の定義をしたことによって、行列は結合法則や分配法則のような普通の数みたいな計算法則が成り立っているっていうことね。

4-2　積の非可換性に関する注意

　最後に1つだけ注意をしておこう。行列が普通の数と"ほぼ"同じって言っても1つだけ違ってたよね。それは何かって言うと、一般に

$$\underline{AB \neq BA\ (積の交換法則は\textbf{成り立たない})}$$

　行列の積の定義というのは行列の本質でもあって、その定義のせいで、積は前後を入れ換えたら一般には同じにならなかった。高校までは普通の数しか扱わなかったから和や積は順番入れ替えてもいいよーって気楽にやっていたけれど、行列の積の計算をするときは、前後を入れ替える作業にはメチャクチャ注意を払ってほしい。

　これ以外は普通の数みたいに計算してよいんだけどね。

　まぁ、このように少しやりにくい点もあるけれど、これが線形代数の面白さでもあると思うんだね。行列の積をあんなふうに定義することによって、普通の数に対して成り立つような演算の性質が"ほぼ"成り立つと。

どう？　それならば
ああいうややこしい定義も許せるようになるんじゃない？
え？　許せない？
性格悪っ！！

一次変換

●**一次変換**

1 つの見方

行列はベクトルを別のベクトルに変換するもの

ex.

作用

A → $\boldsymbol{x}$ → $\boldsymbol{x}'$

$$\begin{pmatrix} 1 & 2 \\ 0 & 3 \end{pmatrix} \begin{pmatrix} 2 \\ 1 \end{pmatrix} = \begin{pmatrix} 4 \\ 3 \end{pmatrix}$$

変換　　旧　　新

3,4,…次元でも同様

> 一般に
> $$\boldsymbol{x}' = A\boldsymbol{x}$$
> と表されるものを一次変換という

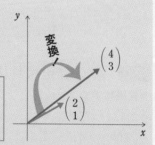

★**行列の積の意味**

ex.

$\boldsymbol{x} = \begin{pmatrix} 2 \\ 1 \end{pmatrix}$ を $A = \begin{pmatrix} 1 & 2 \\ 0 & 3 \end{pmatrix}$ で変換した後

$B = \begin{pmatrix} 0 & 1 \\ -1 & 2 \end{pmatrix}$ で変換せよ。

(i)

A　$\boldsymbol{x}$　$\boldsymbol{x}'$

$$\begin{pmatrix} 1 & 2 \\ 0 & 3 \end{pmatrix} \begin{pmatrix} 2 \\ 1 \end{pmatrix} = \begin{pmatrix} 4 \\ 3 \end{pmatrix}$$

B　$\boldsymbol{x}'$　$\boldsymbol{x}''$

$$\begin{pmatrix} 0 & 1 \\ -1 & 2 \end{pmatrix} \begin{pmatrix} 4 \\ 3 \end{pmatrix} = \begin{pmatrix} 3 \\ 2 \end{pmatrix}$$

> やったこと
> $$\boldsymbol{x}'' = B\underbrace{(A\boldsymbol{x})}_{\boldsymbol{x}'}$$

(ii) B と A の積を $\boldsymbol{x}$ に作用

させてみる

$$\begin{pmatrix} 0 & 1 \\ -1 & 2 \end{pmatrix} \begin{pmatrix} 1 & 2 \\ 0 & 3 \end{pmatrix} = \begin{pmatrix} 0 & 3 \\ -1 & 4 \end{pmatrix}$$

$$\begin{pmatrix} 0 & 3 \\ -1 & 4 \end{pmatrix} \begin{pmatrix} 2 \\ 1 \end{pmatrix} = \begin{pmatrix} 3 \\ 2 \end{pmatrix}$$

同じ！

> やったこと
> $$\boldsymbol{x}'' = (BA)\boldsymbol{x}$$

> 一般に
> $$B(A\boldsymbol{x}) = (BA)$$
> が成り立つ

●証明（2×2の場合）

$x = \begin{pmatrix} x \\ y \end{pmatrix}, A = \begin{pmatrix} a & b \\ c & d \end{pmatrix}, B = \begin{pmatrix} e & f \\ g & h \end{pmatrix}$

とおく。このとき

$B(Ax)$

$= \begin{pmatrix} e & f \\ g & h \end{pmatrix} \left\{ \begin{pmatrix} a & b \\ c & d \end{pmatrix} \begin{pmatrix} x \\ y \end{pmatrix} \right\}$

$= \begin{pmatrix} e & f \\ g & h \end{pmatrix} \begin{pmatrix} ax+by \\ cx+dy \end{pmatrix}$

$= \begin{pmatrix} (ea+fc)x + (eb+fd)y \\ (ga+hc)x + (gb+hd)y \end{pmatrix}$

$= \begin{pmatrix} ea+fc & eb+fd \\ ga+hc & gb+hd \end{pmatrix} \begin{pmatrix} x \\ y \end{pmatrix}$

$= (BA)x$

point

変換の合成 ←→対応 行列の積

●演算の性質まとめ

和 $\begin{cases} (A+B)+C = A+(B+C) \end{cases}$ 　結合法則

$A+B = B+A$ 　交換法則

スカラー倍 $\begin{cases} k(A+B) = kA + kB \end{cases}$ 　分配法則1

$(k+l)A = kA + lA$ 　分配法則2

$(kl)A = k(lA)$ 　結合法則

積 $\begin{cases} (AB)C = A(BC) \end{cases}$ 　結合法則

$A(B+C) = AB + AC$ 　分配法則1

$(A+B)C = AC + BC$ 　分配法則2

"ほぼ"

普通の数の計算と同じ！

しかし、

$$AB \neq BA$$

積の交換法則は
成り立たない

ベクトルの独立性ってなんだ

❚❚ ▶❚ 🔊 4/19

高校のベクトルで係数比較して解く問題には、「$\vec{a}, \vec{b}$は零ベクトルでなく平行でない」という条件がついていたことを覚えているかな。これが$\vec{a}, \vec{b}$が一次独立ということなんだ。ここでは、表現の一意性にも触れて高校数学の種明かしもしよう。

1. 一次独立と一次従属　～2次元と3次元

　今回は**一次独立**と**一次従属**の考え方を扱っていきます。じつは、この用語を習っていたか否かに関わらず、考え方自体は高校数学の平面ベクトルや空間ベクトルの中にすでに現れていたんだ。ということで、最初に2次元と3次元の場合から話を進めていきましょう。

1-1　2次元の場合
　たとえば左側の絵のように、お互いに平行の関係にない場合、**一次独立**（または**線形独立**）なベクトルの組といいます。一方、平行の関係にあるベクトルの組、たとえば右の絵の状況ね。こういうのを**一次従属**（または**線形従属**）っていいます。

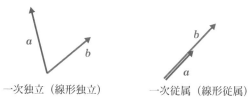

一次独立（線形独立）　　一次従属（線形従属）

　２つのベクトルを考える場合、必ず平行か平行でないかのどちらかだから、先ほどの用語を使うと、一次独立か一次従属のどちらかになるわけね。「そんな用語習ってないよ」っていう人も、高校でベクトルやったときにこんな問題を見た覚えはないかな？

example 1

　（※）　$\vec{a} \neq \vec{0}, \vec{b} \neq \vec{0}$ かつ $\vec{a} \nparallel \vec{b}$

　のとき、　$x\vec{a} + y\vec{b} = 3\vec{a} + 2\vec{b}$　をみたす x, y を求めよ。

　こういうとき、係数比較をして　$x = 3, y = 2$　っていうふうに解いてみたりした経験あるでしょ？　ないんだったら勉強不足！（笑）

　じつは（※）が言ってることと一次独立は同じなんだ。だから、高校の先生によっては、この用語を教える人もいる。だって（※）を書くより、「一次独立」って書いたほうが楽だからね。

1-2　3 次元の場合

　まず、空間に２つのベクトル **a, b** が作る平面（**a, b** が乗っている平面）を考えて、その上で **a, b** が一次独立になるようにします。

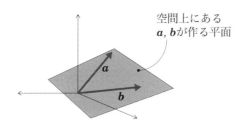

空間上にある
a, b が作る平面

　大事なのは３本めのベクトルなんだけども、このベクトルが先ほどの平面内に乗っかってしまわないように配置する。つまりこの平面から外れるように、たとえば下の図のようなベクトル **c** を考える。こういう３つのベクトルの組を**一次独立（線形独立）**な組っていうんだね。

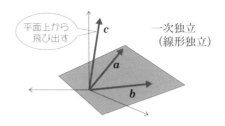

こうなってるとき、どの2つのベクトルをとってそれらが乗ってる平面を考えても、もう1個のベクトルはその平面から絶対外れている。だから、別にベクトル **a**, **b** だけが特殊なわけじゃないよ。**c** と **a** が作る平面に **b** は乗ってないし、**b** と **c** が作る平面に **a** は乗っていません。こういう3つのベクトルの組を一次独立っていうのね。

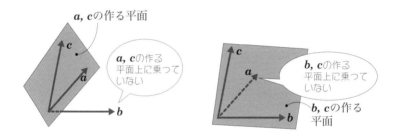

一方、1つの平面に3つのベクトルが乗ってしまうケースも考えてみよう。立体的な図だから少しわかりにくいかもしれないんだけども、たとえば **c** が **a** と **b** と同じ平面に乗ってるケースは次のようになる。このとき、このベクトルは一次独立ではなくて、**一次従属（線形従属）**の関係という。

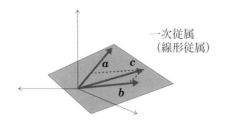

　いま 2 次元と 3 次元の場合の一次独立と一次従属の定義を見てきました。ただ、普通に扱うベクトルって、3 次元止まりではなくて 4 次元もあれば 5 次元もある。もっと一般的に n 次元まで考えることもあるよね。そういう場合に、一次独立とか一次従属ってどんなふうに定義されるかっていう話をしていきます。つまり、ここまでの話の一般化を次にやっていきましょう。

2. 一次独立と一次従属の定義　〜一般の場合

2-1　定義

はじめに定義を書いてから、詳しく説明するね。

> ▶❙❙　**一次独立・一次従属の定義**
>
> 　いずれも零ベクトルではないベクトル $a_1, a_2, \cdots, a_n$ について
> $$c_1 a_1 + c_2 a_2 + \cdots + c_n a_n = 0$$
> が成り立つのが $c_1 = c_2 = \cdots = c_n = 0$ だけのとき、ベクトルの組 $a_1, a_2, \cdots, a_n$ を一次独立という。
> 　また、一次独立でないとき、ベクトルの組 $a_1, a_2, \cdots, a_n$ を一次従属という。

　0 ではないベクトルを n 個準備しましょう。これらのベクトルを $a_1, a_2, \cdots, a_n$、$c_1, c_2, \cdots, c_n$ を適当な実数として、こんな式を考える。

$$c_1 a_1 + c_2 a_2 + \cdots + c_n a_n = 0 \qquad \cdots ①$$

　①の左辺に注目すると、各ベクトルを適当に何倍かして足し合わせた形をしているね。こういうものを $a_1, a_2, \cdots, a_n$ の**線形結合**っていいます。これは理系のどの分野を勉強しても出てくる用語だから、しっかり押さえておいてください。①式は、$a_1, a_2, \cdots, a_n$ の線形結合が零ベクトル 0 になるっていうことを言っている。

　もちろん、全部の $c_1, c_2, \cdots$ が 0 の場合は①が成り立つのは当たり前だね。どんなベクトルも 0 倍すれば零ベクトルになるから、①の左辺は零ベクトル

の n 個の和になって、その結果 **0** になる。一方、よく考えてみると、全部の $c_1, c_2, \cdots$ が 0 でなくても、うまくベクトルどうしがバランスをとって①が成り立っていうことはあるかも知れないね。

こういうことを踏まえて、全部の $c_1, c_2, \cdots$ が 0 のとき、つまり

$c_1 = \cdots = c_n = 0$ のときしか $c_1\,\boldsymbol{a}_1 + \cdots + c_n\,\boldsymbol{a}_n = \boldsymbol{0}$ とならない

そういうとき $\boldsymbol{a}_1, \boldsymbol{a}_2, \cdots, \boldsymbol{a}_n$ のことを**一次独立**っていう。そして、一次独立でないときは**一次従属**という。

一次従属についてもう少し詳しく説明すると、一次独立でないときというのは、$c_1 = \cdots = c_n = 0$ でない、つまり

$c_1, \cdots, c_n$ の少なくとも 1 つが 0 でないとき $c_1\,\boldsymbol{a}_1 + \cdots + c_n\,\boldsymbol{a}_n = \boldsymbol{0}$ となる

ということ。これが、p.51 の定義の意味なんだね。

2-2 2 次元、3 次元の場合

一次独立の一般の定義は、具体例で考えるとわかりやすいと思う。前の節で 2 次元や 3 次元の一次独立の例を図形的に定義したので、これらがしっかりと一般の定義に含まれてるかどうかチェックしてみよう。

● **2 次元の場合** このとき $n = 2$ だから、ベクトルは $\boldsymbol{a}_1, \boldsymbol{a}_2$ の 2 つだけ考えればいい。まず、これらの線形結合は $c_1\,\boldsymbol{a}_1 + c_2\,\boldsymbol{a}_2$ だから、

$$c_1\,\boldsymbol{a}_1 + c_2\,\boldsymbol{a}_2 = \boldsymbol{0} \qquad\qquad \cdots ②$$

となるケースが $c_1 = c_2 = 0$ のときだけならば、$\boldsymbol{a}_1, \boldsymbol{a}_2$ は一次独立という。これが一般の定義。また、一次従属というのは、c_1, c_2 の少なくとも 1 つが 0 でなくても②が成り立つとき、そういうベクトルの組 $\boldsymbol{a}_1, \boldsymbol{a}_2$ をいうんだったね。

ここでは、一次従属の場合を考えてみよう。c_1, c_2 の少なくとも 1 つが 0 でないと仮定してみましょう。例えば $c_2 \neq 0$ としようか。この場合どうなってしまうかというと、c_2 は 0 じゃないから②の両辺をこれで割ると

$$\boldsymbol{a}_2 = -\frac{c_1}{c_2}\,\boldsymbol{a}_1$$

これはベクトル a_2 がベクトル a_1 の定数倍、つまり a_2 は a_1 と **平行** だということを言ってるね。**1-1** の2次元の場合の図形的な定義では、平行なベクトルを2つ書いたときにそれらは一次従属って言ったんだから、一般の定義にピッタリ当てはまってるよね。

● **3次元の場合**　$n = 3$ のときも同様に、一般の定義から見てみよう。まず3つのベクトルの線形結合 $c_1 a_1 + c_2 a_2 + c_3 a_3$ を考えて、

$$c_1 a_1 + c_2 a_2 + c_3 a_3 = 0 \qquad \cdots ③$$

が成立するのが c_1, c_2, c_3 が全て0のとき、この a_1, a_2, a_3 は一次独立だというんだね。これに対して一次従属っていうのは、c_1, c_2, c_3 の中で少なくとも1つが0でないものが存在するということだから、たとえばここでは $c_3 \neq 0$ と仮定しようか。c_3 が0じゃないから辺々を c_3 で割って移項すると

$$a_3 = -\frac{c_1}{c_3} a_1 - \frac{c_2}{c_3} a_2$$

と書けてしまう。

そうすると、a_3 は a_1, a_2 の線形結合になるということに注意してほしい。こういうときって、a_3 は a_1, a_2 で作られる平面と同じ平面に乗ってるんじゃなかったっけ。a_1, a_2 を定数倍してどう足し合わせても、この平面から飛び出す成分をもってないから、a_3 は絶対にこの平面上から逃げられないんだね。

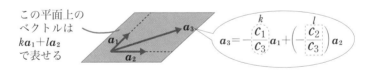

この平面上のベクトルは $ka_1 + la_2$ で表せる

$$a_3 = -\frac{\overset{k}{c_1}}{c_3} a_1 + \left(-\frac{\overset{l}{c_2}}{c_3} \right) a_2$$

つまり、a_1, a_2, a_3 は同一平面上にあるということになってしまう。これも、3つめのベクトルが他の2つのベクトルが作る平面にいないときに、3つのベクトルは一次独立だという **1-2** の話とマッチしてるよね。

まとめると、一般の一次従属の定義から、結局、3つのベクトルが同一平面上にいるということが出たということなんだね。なので、さっきの図形的な話がしっかり一般の定義に対応していることがわかると思います。

ここまで話してみて、皆も理解が深まってきたと思う。最後に1つ重要な話をしておしまいにしましょう。それは、表現の一意性という話なんだ。

3-1 表現の一意性とは

> ▶‖ **定理 表現の一意性**
>
> n 次元ベクトル b が一次独立なベクトル $a_1, a_2, \cdots, a_n$ の線形結合で表されるとき、その表し方は1通りである

これは何を言ってるのかというと、あるベクトル b が一次独立なベクトルの組 $a_1, a_2, \cdots, a_n$ の線形結合で表されるとき、その表し方はただ1通りしかない、つまり一意性がありますっていうことなのね。

もう少し具体的に説明したほうがわかりやすいから、具体例を考えてみよう。ベクトル b がこんな形の線形結合で書けるとする。

$$b = 3a_1 + 4a_2 - 2a_3$$

でも今日はどうしても気分が違って、a_1 の係数を変えたいなって思う。例えばこの係数を、昨日 Twitter でつぶやいた渾身のネタのファボ数に変えてみたいと思います。じつはそれが2なんだけど、ここを変えて a_1 の係数＝2にしてしまったら、他も調整して変えなければいけないよね。なんとか無理やり頑張って調整して、たとえば

$$b = 2a_1 + 5a_2 - 3a_3$$

って書いたらうまく合う気もするよね。だけど、もし、ベクトル a_1, a_2, a_3 が**一次独立**の組だったら、こういうのはあり得ません！

$$b = 2a_1 + 5a_2 - 3a_3$$

って言ってるんだ。b が2，5，-3という係数で書けるんだったら、もうこれらの係数以外では書けませんっていうのが、**表現の一意性**の意味だ。

3-2　表現の一意性の証明

まず、$\{c_1, c_2, \cdots, c_n\}$ と $\{c_1', c_2', \cdots, c_n'\}$ っていうように別の数の組を準備して、これらを用いてベクトル b が2通りの線形結合で表現できると仮定しましょう。

$$\boxed{\begin{array}{c} \text{仮定} \\ b = c_1\,a_1 + \cdots + c_n\,a_n \\ b = c_1'\,a_1 + \cdots + c_n'\,a_n \end{array}}$$

でもこの仮定って、いま示したいことと矛盾してるよね。だって、こういうふうに2通りに表す方法がないっていうことを言いたいんだから。そのためには、ここで仮定したことについて矛盾を示すという背理法で証明をしたいと思います。

じゃ、実際に証明してみましょう。

このとき、上の仮定では2通りに書いたんだけども2つとも b で等しいから＝で結んでみると

$$c_1\,a_1 + \cdots c_n\,a_n = c_1'\,a_1 + \cdots c_n'\,a_n$$

この式の右辺を全部左辺に移項しちゃいましょう。そうすると

$$(c_1 - c_1')\,a_1 + \cdots (c_n - c_n')\,a_n = 0$$

となるね。

ここで、1つ注目してほしいことがある。それは、この定理には、$a_1, a_2, \cdots, a_n$ は一次独立という条件がついてるっていうこと。一次独立の定義より、$a_1, a_2, \cdots, a_n$ の線形結合が零ベクトルになるのは係数が全部0になるケースしかありえなかったでしょ。だから、$c_1 - c_1' = 0, \cdots, c_n - c_n' = 0$ じゃなきゃいけないはずなのね。つまり、何が言えるのかというと、

$$c_1 = c_1', \quad \cdots, \quad c_n = c_n'$$

っていうふうに全ての係数が等しくなってしまうということ。

これは、b が 2 通りの線形結合で表現できるという 仮定 に矛盾してるよね。いま $\{c_1, c_2, \cdots, c_n\}$ と $\{c_1', c_2', \cdots, c_n'\}$ は別の数の組だという 仮定 から出発したのに、係数が全て同じ（2 つの数の組が一致する）という結論が出てきてしまった…ってことは、この 仮定 が 誤り だったからこんな矛盾が起きたんだね。

つまり、<u>b がある 1 次独立なベクトルの組で表されるとき、その表現方法は 1 通り</u> ということが示せたわけです。だからこれで証明は終了ってことになります。

3-3 高校数学の種明かし

最後に、はじめのほうでちょっと話した高校数学の問題 example 1 をもう一度見てみよう。

この問題は、一次独立（※）であることを確認してから 2 つのベクトルの係数を比較したよね。それはまさに、この節で話した **表現の一意性** なんだ。

一次独立なベクトル a, b の線形結合 $sa + tb$ があったとする。これを別の線形結合 $ua + vb$ で表すことができるとする。つまり

$$sa + tb = ua + vb$$

ここで、別の係数を使ってるように見えるけれども、a, b がしっかり一次独立だといえるとしたら、表現の一意性より、$s = u, t = v$ というふうに等しくならなきゃいけないんだね。

こういった高校のベクトルの問題で、いちいち一次独立であるということを確かめたのは、表現の一意性を使っていたからなんだ。扱うベクトルが一次独立だということをしっかり調べないと、本来は係数比較ができないはずだということ。これが、高校数学の種明かし。

こういうことをあまり深く考えずに機械的にやっていたのなら、この場でしっかり理解してください。そのうえで、今後は楽しく勉強を続けよう。

一次独立と一次従属

2次元

一次独立
（線形独立）

一次従属
（線形従属）

3次元

1次独立
（線形独立）

1次従属
（線形従属）

定義　一次独立・一次従属
いずれも零ベクトルではないベクトル
$a_1, a_2, \cdots, a_n$ について

線形結合

$$c_1 a_1 + c_2 a_2 + \cdots + c_n a_n = 0$$

が成り立つのが $c_1 = c_2 = \cdots = c_n = 0$
だけのとき、$a_1, a_2, \cdots, a_n$ を一次独立と
いう。また、一次独立でないとき、
$a_1, a_2, \cdots, a_n$ を一次従属という。

$n=2$ のとき	$n=3$ のとき
$c_1 a_1 + c_2 a_2 = 0$	$c_1 a_1 + c_2 a_2 + c_3 a_3 = 0$
$c_2 \neq 0$ とすると	$c_3 \neq 0$ とすると

平行　　　　　　　　　同一平面上

$$a_2 = -\frac{c_1}{c_2} a_1 \qquad a_3 = -\frac{c_1}{c_3} a_1 - \frac{c_2}{c_3} a_2$$

定理　表現の一意性
n 次元ベクトル b が一次独立なベクトル
$$a_1, a_2, \cdots, a_n$$
の線形結合で表されるとき、その表し
方は1通りである

証明

別の数の組
$\{c_1, c_2, \cdots, c_n\}$ と $\{c_1', c_2', \cdots, c_n'\}$ を用いて
$$b = c_1 a_1 + \cdots + c_n a_n$$
$$b = c_1' a_1 + \cdots + c_n' a_n$$
と2通りの表し方ができると仮定する。

このとき、
$$c_1 a_1 + \cdots + c_n a_n = c_1' a_1 + \cdots + c_n' a_n$$
$$(c_1 - c_1') a_1 + \cdots + (c_n - c_n') a_n = 0$$
となる。ここで、$a_1, a_2, \cdots, a_n$
は一次独立であるので、
$$c_1 - c_1' = 0, \cdots, c_n - c_n' = 0$$
よって
$$c_1 = c_1', \quad \cdots, \quad c_n = c_n' \qquad \blacksquare$$
となり、これは矛盾。■

ex.

$$b = 3a_1 + 4a_2 - 2a_3$$

$$\cancel{b = 2a_1 + 5a_2 - 3a_3}$$

　今回は連立方程式を扱っていきます。連立方程式って言ったら中学数学で習うから、「なんで今更?」って思うかもしれないね。じつは、連立方程式というのは行列を使うとかなりシステマティックに解けるので、この授業ではその方法を紹介します。それが、掃き出し法というものになります。じゃ、さっそく始めていきましょう。

1.　2元1次連立方程式を解く

　「舐めてんのか?」って思うかもしれないんだけど、こんな連立方程式を考えてみましょう。

---

example 1

$$\begin{cases} 2x - 2y = 4 \\ 3x + 4y = -8 \end{cases}$$

1-1　連立方程式の解法　〜加減法

　初心に返ってこの連立方程式を解いてみよう。

　まず、第1式は係数が全て2の倍数になってるから両辺を2で割ってみて、その式に①と番号をつける。そうすると与えられた連立方程式は次のようになるね。

$$\text{1にした！}\quad \begin{cases} 1x - y = 2 & \cdots ① \\ 3x + 4y = -8 & \cdots ② \end{cases}$$

　ここでいま x の係数が 1 になったという嬉しいことが 1 つ起きたんだけど、何が嬉しいのかは後々わかると思うから楽しみにしてほしい。そして、このことは今後重要になるから、赤で強調しておくよ。

　さて、次は何をするのかっていうと、この連立方程式を普通に**加減法**で解いていきます。じつは、**掃き出し法**というのは加減法がベースになっていて、これを応用したものにすぎないんだね。②式の x の部分を消すためには、①式を両辺 -3 倍したものを足せばいい。その結果出てきた式を③としようか。①式の下に、③式を書くとこうなるね。

$$\begin{cases} x - y = 2 & \cdots ① \\ 7y = -14 & \cdots ③ \end{cases}$$

次に③式の両辺を 7 で割った式を④として、この結果も並べて書くと

$$\text{1にした！}\quad \begin{cases} x - y = 2 & \cdots ① \\ 1y = -2 & \cdots ④ \end{cases}$$

またまた強調するよ！

　いま嬉しいことは何かっていうと、y の係数が 1 になったということね。そして最後に y を消すために④式を①式に足すと $x = 0$ が出る。これを⑤としようか。そうすると、連立方程式は

$$\begin{cases} x \phantom{{}={}} = 0 & \cdots ⑤ \\ y = -2 & \cdots ④ \end{cases}$$

　これって…もう解けてるよね。少し回りくどいようだけど、加減法を使って連立方程式を解く作業は、メチャメチャ懇切丁寧にやったらこうなる。

1-2 連立方程式を掃き出し法で解く

いまやった加減法のステップをしっかり体系化したものが、**掃き出し法**というもの。連立方程式を解くためには、次々と式を変形していくんだけども、変形するたびに x とか y という同じ文字を何回も書かなくちゃいけないからめんどくさいよね。連立方程式を行列の形にまとめることで、もっと効率よく解けるようになる。

●**連立方程式から行列の形へ**　(example 1) の連立方程式を行列の形にまとめるには、こんなふうにする。

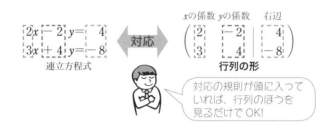

ここで何をやってるのかっていうと、

◆連立方程式の横に行列に棒を引っ張ったようなものを書く。

◆連立方程式の 2 つの式の x の係数を $\begin{matrix} 2 \\ 3 \end{matrix}$ という列にして 1 列目に並べ、

　y の係数を $\begin{matrix} -2 \\ 4 \end{matrix}$ という列にして 2 列目に並べる。

◆連立方程式の右辺を棒の右側に $\begin{matrix} 4 \\ -8 \end{matrix}$ という列にして書く。

このように、

「x の係数が 1 列目、y の係数が 2 列目、連立方程式の右辺が棒の**右側**」

って心の中で約束すれば、もう x とか y とか＝を書く必要がなくなるのね。

まだ、何言ってるのかよくわからない人がいるかもしれないけど、これからやる作業をしていくうちにだんだんわかってくると思う。

●**加減法による式変形と行列の変形**　加減法でやった作業を思い出そう。最初に、連立方程式の第１式を２で割って①式を出したよね。これと全く同じことを行列の上でするとどうなるのかな。

連立方程式でも行列でも、やってることは同じなんだから、行列のこの列が x の係数、この列が y の係数、棒の右が右辺…って頭に入れておけば、もう連立方程式を見ることなく行列だけ見れば OK。①式の係数は２で割って $1, -1, 2$ になる。対応する行列の１行目と同じになってるね。

$$\begin{cases} 2x - 2y = 4 \\ 3x + 4y = -8 \end{cases} \div 2 \qquad \begin{array}{cc} x & y & 右 \end{array}$$
$$\left(\begin{array}{cc|c} 2 & -2 & 4 \\ 3 & 4 & -8 \end{array}\right) \div 2$$

1 にした　　　　↓ ……第１式を２で割る…… ↓

$$\begin{cases} \textcircled{1}\cdot x - y = 2 \\ 3x + 4y = -8 \end{cases} \qquad \left(\begin{array}{cc|c} \textcircled{1} & -1 & 2 \\ 3 & 4 & -8 \end{array}\right)$$

次に、何をしたのかというと、１行目を -3 倍して下の行に足したんだね。対応する行列に同じことをすると、１行目はそのままで、２行目は順に

$$3 + 1 \times (-3) = 0, \quad 4 + (-1) \times (-3) = 7, \quad -8 + 2 \times (-3) = -14$$

となる。連立方程式の x の項がないというのは、行列の対応する部分が 0 になっているっていうことと同じだね。

$$\begin{cases} x - y = 2 & \cdots① \\ 3x + 4y = -8 & \cdots② \end{cases} \qquad \left(\begin{array}{cc|c} 1 & -1 & 2 \\ 3 & 4 & -8 \end{array}\right) \times (-3)$$

足す！

↓ ……②に $-3 \times$ ①を足す…… ↓

$$\begin{cases} x - y = 2 & \cdots① \\ 7y = -14 & \cdots③ \end{cases} \qquad \left(\begin{array}{cc|c} 1 & -1 & 2 \\ 0 & 7 & -14 \end{array}\right)$$

実際、■ ＝ □ ＋ ▨ × (-3)

さらに、連立方程式の加減法と対応する行列の操作を見比べていこう。③式の両辺を７で割って、その次に２行目を１倍して上の行に足したんだった。ここで最後に出てきた行列に注目すると、対角線に１が並んでいるね。

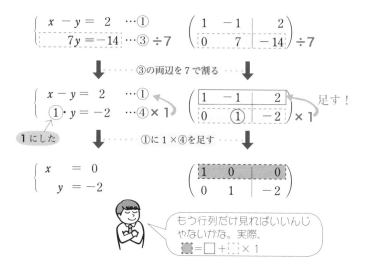

$$\begin{cases} x - y = 2 & \cdots① \\ 7y = -14 & \cdots③ \end{cases} \div 7 \qquad \left(\begin{array}{cc|c} 1 & -1 & 2 \\ 0 & 7 & -14 \end{array} \right) \div 7$$

↓ ······ ③の両辺を7で割る ······ ↓

$$\begin{cases} x - y = 2 & \cdots① \\ ①\cdot y = -2 & \cdots④ \end{cases} \times 1 \qquad \left(\begin{array}{cc|c} 1 & -1 & 2 \\ 0 & ① & -2 \end{array} \right) \times 1 \quad \text{足す！}$$

1にした

↓ ······ ①に1×④を足す ······ ↓

$$\begin{cases} x = 0 \\ y = -2 \end{cases} \qquad \left(\begin{array}{cc|c} 1 & 0 & 0 \\ 0 & 1 & -2 \end{array} \right)$$

もう行列だけ見ればいいんじゃないかな。実際、
■ = □ + ⋮ × 1

じつは、これが連立方程式が**解けた**っていう状態なんだ。

いま対応する行列の1列目が全部 x の係数、2列目が全部 y の係数だっていうことにしたんだから、連立方程式の一番最後に出てきた2つの式が、対応する行列で

第1行（1 0 ｜ 0 ）← x の係数1、y の係数0 ⟺ 式 $x = 0$

第2行（0 1 ｜ −2）← x の係数0、y の係数1 ⟺ 式 $y = -2$

というふうに表されただけなんだ。つまり、連立方程式を解きたいと思ったら、行列だけ見て、対角線に1が並ぶような操作をしていけばいいのね。

もちろん行列に対して許される操作というのは、連立方程式を加減法で解くときの変形に対応する操作だけだよ。それを繰り返せば、 **example 1** のような連立方程式は、最終的に対角線に1が並ぶようにできるわけ。

対角線上に1

$$\begin{cases} x = 0 \\ y = -2 \end{cases} \quad \overset{\text{対応}}{\Longleftrightarrow} \quad \begin{matrix} \overset{x}{} & \overset{y}{} \\ \left(\begin{array}{cc|c} 1 & 0 & 0 \\ 0 & 1 & -2 \end{array} \right) \end{matrix} \quad \text{解けた!!}$$

1-3 掃き出し法のポイント

　連立方程式に対応する行列を作って、その行列に適当な操作を繰り返すことによって連立方程式を解く方法を説明してきたんだけども、ここでポイントをおさらいしてみよう。

　そのポイントというのは、いままでわざわざ　　1にした！　　って強調してきたように、どこを１にするか？　ということなんだ。

　example 1 をもう一度見ながら整理していくよ。

　まずは、行列の$(1, 1)$成分の数を１にしたい！って思わなきゃいけないのね。だからまず、１行を２で割ったんだ。こうすると、確かに$(1, 1)$成分は１になるでしょ。

$$\begin{cases} ① \cdot x - y = 2 \\ ③ \cdot x + 4y = -8 \end{cases} \qquad \begin{pmatrix} ① & -1 & | & 2 \\ ③ & 4 & | & -8 \end{pmatrix}$$

１になってる！

消したい

　なぜここを１にしたかっていうと、２行目にあるxの係数を０にすることができるからなんだ。この行列でいえば、○で囲んだ１の真下にある$(2,1)$成分の３**を０にする**ということね。

　では、３を消したいと思ったらどうすればいいかな。

　１に３の逆符号の数-3をかけ算して、この３に足してやればよくない？要するに、行列の１行目の１の下の数を０にすることだけを考えて、１行を-3倍して２行に足し算すれば、少なくともその１の下の場所の数は０になるからね。

$$\begin{pmatrix} ① & -1 & | & 2 \\ ③ & 4 & | & -8 \end{pmatrix} \times (-3) \longrightarrow \begin{pmatrix} 1 & -1 & | & 2 \\ 0 & 7 & | & -14 \end{pmatrix}$$

足す

消したい　　　　　消えた♪

　１というのは２倍したら２になるし、-5倍したら-5になる…というように、何倍かすればどんな数にも直接的に化けられるんだ。だから単純に、消したい数の逆符号の数をかけ算して足せばいいってことになります。つま

り、消したい場所を **0 にするという作業のために 1 にする**のね。当たり前のことを難しく言ってるように聞こえるかもしれないんだけども、ここがポイントなんだ。

0 になったら何が嬉しいかっていうと、今の例では x の係数が 0 ということだから 1 つの行から x が消えるんだね。「行列のここが 0 っていうことは、この変数が消えるんだな」って、連立方程式とそれに対応する行列を見比べてほしい。

次に何をしたのかっていうと、2 行目を 7 で割って、7 の部分を 1 にしたよね。この 1 も〇で囲んでおこう。ここを 1 にして何が嬉しいかって言うと、1 にしたら、これを使って他の y の係数を消せるんだね。この 1 の上にある第 1 行では、y は -1 っていう係数をもっているわけだから、この逆符号の数、つまり 1 をかけて足し算してやると係数は 0 になって y は必ず消えるよね。

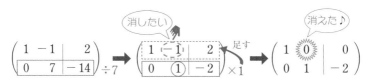

ここまで見てきたように、掃き出し法というのは次のような作業なんだ。

> ▶❚❚　**掃き出し法の手順**
>
> STEP1　x の係数に 1 を作る（(1,1)成分）
> STEP2　この 1 を使ってその他の行の x の係数を消す（0 にする）
> STEP3　y の係数を 1 にする（(2,2)成分）
> STEP4　この 1 を使ってその他の行の y の係数を消す（0 にする）

いまはまだ example 1 でしか試してないけれど、掃き出し法って何となく便利だなって思ってくれたかな？　だって、連立方程式を解くときに、x とか y ってのをいちいち書かずに心の中だけに入れて、あとは行列の形に

して情報を抜き出していくっていう操作をすればいいんだから。つまり

係数と右辺だけ注目すればよい！

　でも、2元連立1次方程式の解法を見ただけでは、「普通に加減法で解くのと変わらんじゃん」って思う人もいるかもしれないね。次の節では、もう少し面倒なものを掃き出し法で解いてみて、この方法がどれだけ素晴らしかっていうことを実感してもらいましょう。

2. 掃き出し法で連立方程式を解く

2-1　3元連立方程式を解く

　はい！それでは次のような3つの変数をもつ3元1次連立方程式を扱っていきましょう。

> **example 2**
> $$\begin{cases} 2x - y + z = 6 \\ x - 2y + 3z = 5 \\ x + 3y - 5z = 2 \end{cases}$$

　example 1 と同じように、まず係数の情報と右辺の情報を行列の中にまとめてあげる。もちろん対応する行列の1列目は x の係数、2列目は y の係数、3列目は z の係数、そして棒の右には連立方程式の右辺の数を並べるんだったね。

$$\begin{cases} 2x - y + z = 6 \\ x - 2y + 3z = 5 \\ x + 3y - 5z = 2 \end{cases} \quad \xleftrightarrow{\text{対応}} \quad \begin{array}{ccc|c} x & y & z & 右 \\ 2 & -1 & 1 & 6 \\ 1 & -2 & 3 & 5 \\ 1 & 3 & -5 & 2 \end{array}$$

　最初に何をしたいのかっていうと、$(1, 1)$ 成分つまり左上の数を1にしたいのね。ここを無理やり1にするためには1行目を全部2で割ってやればいい。1行目だけ抜き出すとこんなふうになる。

$$\left(\begin{array}{ccc|c} 2 & -1 & 1 & 6 \end{array}\right) \div 2 \quad \rightarrow \quad \left(\begin{array}{ccc|c} 1 & -\dfrac{1}{2} & \dfrac{1}{2} & 3 \end{array}\right)$$

分数が出てきてしまって、計算がちょっと面倒になりそうだから分数を扱うのはなるべく避けたいんだけど、何をすればいいんだろう。もっと簡単な方法はないかな？

2-2 行を入れ替えてもいい

　連立方程式を解くときにやる操作は、もちろん対応する行列にだってやっていい操作。ところで、連立方程式の３つの式の書く順番を入れ替えても別に構わない。これは、例えば１番上の式と２番めの式を入れ替えたとしても、連立方程式自体は変わらないから、対応する行列の１行目と２行目を入れ替えてもいいっていうことね。つまり、

２つの行を入れ替えるのはやっていい操作

　いま example 2 に戻って、対応する行列の１行目と２行目を入れ替えてみれば、左上の数字を１にするっていう目標が達せられた。１ができれば、今までと同様に、この○で囲んだ１を使って下の２とか１を消していけばいいんだったね。

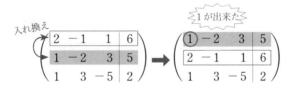

　次に、この行列の２行目の左端の２を消すために、１行目を−２倍して２行目に足し算する。さらに、３行目の左端の１を消すために１行目の−１倍を３行目に足し算すればいい。

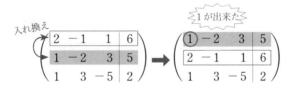

　さて、次にやりたいことは何かっていうと、最後の行列の2行目の真ん中にある3を1にしたい。どこかの行と入れ替えたら1になるかな？　と思っても、もう1は2列目にはない。しかたないから、2行目を3でわるしか方法はないね。分数が出てきてしまうけれど、この場合は仕方がない。もちろん他の行は何も手を加えてないからそのままだよ。そうすると目標どおり1が作れたから、これも○で囲んでおくね。

$$\begin{pmatrix} 1 & -2 & 3 & | & 5 \\ \boxed{0} & \boxed{③} & -5 & | & -4 \\ 0 & 5 & -8 & | & -3 \end{pmatrix} \div 3 \quad \Longrightarrow \quad \begin{pmatrix} 1 & -2 & 3 & | & 5 \\ 0 & ① & -\frac{5}{3} & | & -\frac{4}{3} \\ 0 & 5 & -8 & | & -3 \end{pmatrix}$$

1にしたい

2行目に1がないから入れ替えても無駄

1ができた

　今度は、この○で囲んだ1を使って、その真上の−2とその真下の5を消すことを考えよう。上の−2を消すためには、2行目を2倍したものを1行目に足し算すればいいね。そして下の5を消すためには、2行目の−5倍を3行目に足し算すればいい。そうすると、ちゃんと○で囲んだ1の上と下が0になるね。

消したい　　　　　　　足す

$$\begin{pmatrix} 1 & -2 & 3 & | & 5 \\ 0 & ① & -\frac{5}{3} & | & -\frac{4}{3} \\ 0 & 5 & -8 & | & -3 \end{pmatrix} \times 2 \Longrightarrow \begin{pmatrix} 1 & 0 & -\frac{1}{3} & | & -\frac{7}{3} \\ 0 & ① & -\frac{5}{3} & | & -\frac{4}{3} \\ 0 & 5 & -8 & | & -3 \end{pmatrix} \times (-5) \Longrightarrow \begin{pmatrix} 1 & 0 & -\frac{1}{3} & | & \frac{7}{3} \\ 0 & 1 & -\frac{5}{3} & | & -\frac{4}{3} \\ 0 & 0 & \frac{1}{3} & | & \frac{11}{3} \end{pmatrix}$$

消したい　　　　　足す

2-3　目標は対角線上に1が並んだ形

　ここで、計算のコツがあるから、ちょっと説明しておこう。

　2行目の $\left(0 \ 1 \ -\dfrac{5}{3} \ \middle| \ -\dfrac{4}{3} \right)$ って、さっきやったように、1行目の1のパワーでもう左端が0になっているから、どれだけ頑張って2行目を何倍かして足し算しても、もうこの上の左端の1は変わらないんだよね。だから上から下に向かって順にやっていくってことを押さえておくと、計算の見通しがいいんじゃないかな。

さて、行列の操作の目的は連立方程式を解くことで、**連立方程式が解けた**ということは、 **1-2** でやったように、**行列の対角線上に 1 が並ぶということ**だった。そうすると、いま上から順に斜めの成分を 1 にしていく操作をしているんだから、やるべきことは 3 行目の $\frac{1}{3}$ の部分を 1 にするということ。そのためには 3 行目を 3 倍すれば、この成分は 1 になるね。もちろん他の行はそのままだよ。今までと同じように、できた 1 を◯で囲んでおくね。

$$\begin{pmatrix} 1 & 0 & -\frac{1}{3} & \Big| & \frac{7}{3} \\ 0 & 1 & -\frac{5}{3} & \Big| & -\frac{4}{3} \\ 0 & 0 & \boxed{\frac{1}{3}} & \Big| & \frac{11}{3} \end{pmatrix}_{\times 3} \longrightarrow \begin{pmatrix} 1 & 0 & -\frac{1}{3} & \Big| & \frac{7}{3} \\ 0 & 1 & -\frac{5}{3} & \Big| & -\frac{4}{3} \\ 0 & 0 & ① & \Big| & 11 \end{pmatrix}$$

（1にしたい！）

いよいよ最後の操作をしたいんだけど、やることわかるかな？　◯で囲んだ 1 を使って、その上にある $-\frac{1}{3}$ と $-\frac{5}{3}$ を消せばいい。つまり、同じ列にいるやつを消していく。そのためには 1 行目には $\frac{1}{3}$ 倍したもの、2 行目には $\frac{5}{3}$ したものを足せばいい。3 行目は触らないからもちろんそのまま。

こうして、対角線上に 1 が並んだら GOAL だったね。

足す $\begin{pmatrix} 1 & 0 & -\frac{1}{3} & \Big| & \frac{7}{3} \\ 0 & 1 & -\frac{5}{3} & \Big| & -\frac{4}{3} \\ 0 & 0 & ① & \Big| & 11 \end{pmatrix}$ 足す $\longrightarrow$ $\begin{pmatrix} 1 & 0 & 0 & \Big| & 6 \\ 0 & 1 & 0 & \Big| & 17 \\ 0 & 0 & 1 & \Big| & 11 \end{pmatrix}$ 対角線に 1 →解けた！

$\times\frac{1}{3}$　　$\times\frac{5}{3}$

つまり**方程式が解けた**ってこと。ここでしっかり書いておくと、最後に出てきた行列の 1 行目については、x の係数が 1 で y と z の係数は 0 だったから、x しかいないね。だから　$x = 6$

そして 2 行目は x と z がない、y だけだから　$y = 17$

3 行目は　$z = 11$

これらが連立方程式の解。

最終的に対角線に 1 が並ぶように考えて操作をしていくんだけど、ここま

で説明してきたような決まった方法に従ってやっていくだけなんだ。ポイントは、まず行の左端を1にしてやるために、行を入れ替えたりあるいは行を適当な数で割ったりすればいい。そして、その1を使って他の行にある数を0にしていく。この操作を続けていけば、解ける連立方程式なら最終的に

> 今は解けるものしかやってないけど、解けない方程式もある。次の講でやるよ。

対角線上に1が並ぶんだったよね。これが**解けた状態**で、棒の右に並ぶ数がx、y、zのそれぞれの解になるんだね。

ここまでやった話を、次の節で少し体系的にまとめてみましょう。

3. 掃き出し法　～用語と手順の整理

連立方程式が与えられたときに、その係数と右辺の情報をまとめた行列があったよね。まず、棒の左側にある部分は係数をまとめたものなので、**係数行列**という。また、棒の右側の部分を**定数項ベクトル**って呼ぶ。わざわざベクトルって呼ぶのは、この部分は必ず縦に1列だけ並ぶ形になるからなんだ。そして、係数行列と定数項ベクトルを合わせたもの全体を**拡大係数行列**という。

いままで拡大係数行列に対してやってきた操作をまとめていきましょう。

(i)**行と行を入れ替える**

(ii)**ある行を定数倍（c倍）する**$(c \neq 0)$

(iii)**ある行のc倍を他の行に足す**

> 0倍したら情報がなくなってしまうので、もちろん$c \neq 0$

操作(iii)が今まで連立方程式を解くのにやってきた加減法に当たる部分だね。c倍というのはもちろん-2倍とかいう負の数でもいい。だから、ここでは足すって書いたけれども、実際に計算するときには引くという操作と同じってことです。そして最終的に、操作(i)(ii)(iii)を用いて対角線上に1が並ぶ

> 正確には、対角線に1が並び係数行列のその他の成分が0になる

よう変形する。こうなれば連立方程式が解けた状態ということだった。

この3つの操作を**行基本変形**といいます。なぜこう呼ぶのかというと、全ての操作が行にするものだから。今、説明したことをまとめておくね。

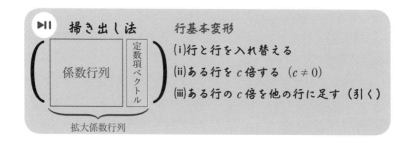

●列の変形はダメ　ところで、何で列に対する変形をしないのか考えて
みよう。今まで拡大係数行列に対してやってきた**行基本変形**という操作って
じつは全て**連立方程式を解くときにやっていい操作**なんだね。それがまさ
に、列の変形がない理由になってるのね。

　具体例を見ながら考えてみよう。こんな連立方程式があったとしよう。

$$\begin{pmatrix} 1 & 3 & | & 5 \\ 2 & 4 & | & 6 \end{pmatrix} \qquad \begin{cases} x+3y=5 \\ 2x+4y=6 \end{cases}$$

　例えば、1列目 $\begin{smallmatrix}1\\2\end{smallmatrix}$ の2倍を2列目 $\begin{smallmatrix}3\\4\end{smallmatrix}$ に足す、っていう操作は連立方程式
的にどういう意味があるかな。この操作って、1列目の係数、要するに x の
係数を2倍して y の係数に足すってことだよね。…これ意味ないよね？　列
に関する変形をしない理由は、こんなふうに考えればわかると思います。

ここがPOINT!

掃き出し法では行に対する変形のみ

●なぜ"掃き出し法"か？　最後に、何で「掃き出し法」っていう名前
がついているのかを説明しておこう。

　拡大係数行列を使って連立方程式を解くときは、まず1を作ったよね。こ

の講義では、強調するために○で囲んだりした。そして、こうしてできた1を使って他の行の成分をどんどん0にして消していった、掃除していった・・・つまり掃き出していったので、この方法を**掃き出し法**っていうわけです。

1を使って
掃き出せ！

　以上で今回の授業はおしまい。

　次の講義は、連立方程式が解けない場合について話します。解けないといっても、解が1つに定まらない場合、そもそも解がない場合、というのがあるんだけどね。では、次回もお楽しみに。

まとめ 連立方程式：掃き出し法

ex.1

$$\begin{cases} 2x - 2y = 4 \div 2 \\ 3x + 4y = -8 \end{cases} \qquad \begin{pmatrix} 2 & -2 & \bigm| & 4 \\ 3 & 4 & \bigm| & -8 \end{pmatrix} \div 2$$

1にした！

$$\rightarrow \begin{cases} \text{①}x - y = 2 \times (-3) \\ 3x + 4y = -8 \end{cases} \qquad \rightarrow \begin{pmatrix} 1 & -1 & \bigm| & 4 \\ 3 & 4 & \bigm| & -8 \end{pmatrix} \times (-3)$$

$$\rightarrow \begin{cases} x - y = 2 \\ 7y = -14 \div 7 \end{cases} \qquad \rightarrow \begin{pmatrix} 1 & -1 & \bigm| & 4 \\ 0 & 7 & \bigm| & -14 \end{pmatrix} \div 7$$

point
係数と右辺だけに
注目すればよい

$$\rightarrow \begin{cases} x - y = 2 \\ \text{①}y = -2 \times 1 \end{cases} \qquad \rightarrow \begin{pmatrix} 1 & -1 & \bigm| & 2 \\ 0 & 1 & \bigm| & -2 \end{pmatrix} \times 1$$

1にした！

$$\rightarrow \begin{cases} x = 0 \\ y = -2 \end{cases} \qquad \rightarrow \begin{pmatrix} 1 & 0 & \bigm| & 0 \\ 0 & 1 & \bigm| & -2 \end{pmatrix}$$

対角線に1
→解けた！

ex.2

$$\begin{cases} 2x - y + z = 6 \\ x - 2y + 3z = 5 \\ x + 3y - 5z = 2 \end{cases}$$

$$\begin{array}{cccc} x & y & z & 右 \end{array}$$
$$\begin{pmatrix} 2 & -1 & 1 & \bigm| & 6 \\ 1 & -2 & 3 & \bigm| & 5 \\ 1 & 3 & -5 & \bigm| & 2 \end{pmatrix}$$

$$\rightarrow \begin{pmatrix} \text{①} & -2 & 3 & \bigm| & 5 \\ 2 & -1 & 1 & \bigm| & 6 \\ 1 & 3 & -5 & \bigm| & 2 \end{pmatrix} \begin{matrix} \times(-2) \\ \\ \times(-1) \end{matrix}$$

$$\rightarrow \begin{pmatrix} 1 & -2 & 3 & \bigm| & 5 \\ 0 & 3 & -5 & \bigm| & -4 \\ 0 & 5 & -8 & \bigm| & -3 \end{pmatrix} \div 3$$

$$\rightarrow \begin{pmatrix} 1 & -2 & 3 & \bigm| & 5 \\ 0 & \text{①} & -\frac{5}{3} & \bigm| & -\frac{4}{3} \\ 0 & 5 & -8 & \bigm| & -3 \end{pmatrix} \begin{matrix} \times 2 \\ \\ \times(-5) \end{matrix}$$

$$\rightarrow \begin{pmatrix} 1 & 0 & -\frac{1}{3} & \bigm| & \frac{7}{3} \\ 0 & 1 & -\frac{5}{3} & \bigm| & -\frac{4}{3} \\ 0 & 0 & \frac{1}{3} & \bigm| & \frac{11}{3} \end{pmatrix} \times 3$$

$$\rightarrow \begin{pmatrix} 1 & 0 & -\frac{1}{3} & \bigm| & \frac{7}{3} \\ 0 & 1 & -\frac{5}{3} & \bigm| & -\frac{4}{3} \\ 0 & 0 & \text{①} & \bigm| & 11 \end{pmatrix} \begin{matrix} \times\frac{1}{3} \\ \times\frac{5}{3} \end{matrix}$$

$$\rightarrow \begin{pmatrix} 1 & 0 & 0 & \bigm| & 6 \\ 0 & 1 & 0 & \bigm| & 17 \\ 0 & 0 & 1 & \bigm| & 11 \end{pmatrix}$$

対角線に1→**解けた！**

$$x = 6, y = 17, z = 11$$

掃き出し法

拡大係数行列

①を使って
掃き出せ！

行基本変形

①行と行を入れ替える
②ある行を c 倍する（$c \neq 0$）
③ある行の c 倍を他の行に足す（引く）
を用いて

対角線に 1 が並ぶよう変形する。

解けた状態！

　今回は前回の講義の最後で予告したように、連立方程式の中でも解が1つに定まらない場合とか解がない場合を扱っていきます。

1.　解が1つに定まらない場合

1-1　2元1次連立方程式の例

　解が1つに定まらない場合っていうのはどんなケースがあるのかな。こんな例を考えてみよう。

example 1
$$\begin{cases} x + 2y = 3 \\ 3x + 6y = 9 \end{cases}$$

　前回の講義で勉強したように、まずはこの拡大係数行列を考えていきます。x の係数、y の係数、右辺をこんなふうに並べて書くんだったね。

$$\left(\begin{array}{cc|c} 1 & 2 & 3 \\ 3 & 6 & 9 \end{array} \right)$$

　これを、掃き出し法で解いていこう。そうすると、最初から左上に1があるからラッキーだね。これを丸で囲っておく。この1を使って真下の3を消すようにすればいいから、1行目を−3倍したものを2行目に足し算しよう。

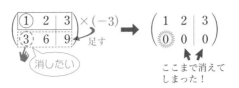

そうすると、○をつけた 1 の下が 0 になるね。でも、他の場所を計算して
みると、元の行列の $(2,2)$ 成分、つまり 6 だったところも 0 になるし、棒の
右側の 9 だったところも 0 になってしまう。1 の真下を 0 にするためにやっ
た操作が、他のところも全部 0 にしてしまったんだね。

ところで、1 つの行に 0 だけが並ぶ状態ってどういうことかわかる？

$$\left(\begin{array}{cc|c} 1 & 2 & 3 \\ 0 & 0 & 0 \end{array}\right)$$ 情報なし

…情報が全くないってことなんだけど、どういう意味なのか説明するね。

連立方程式っていうのは、$x+2y=3$、かつ $3x+6y=9$ という関係をみた
してなきゃいけないというように、x, y にこれらの条件を課してるんだね。
じゃ、$(0 \ \ 0 \ | \ 0)$ は x, y にどういう条件を課してるのかな？

この行を元の連立方程式の形に直してあげると、

$$0 \cdot x + 0 \cdot y = 0 \qquad \cdots ①$$

①式は x, y にどんな数を入れても成り立つから、言い換えればどんな値で
も構わない、x, y に対して何も制限がないということなんだね。つまり、①
式からは x, y に関する情報が何も得られない、すなわち情報がなくなってし
まったんだ。

[example 1] は連立方程式の形をしているから、ちょっと見ると 2 つの
制限（条件）があるように見えたけども、実質的には次の行列の赤色の部分
にしか制限がかかっていないってことなんだね。

$$\left(\begin{array}{cc|c} 1 & 2 & 3 \\ 0 & 0 & 0 \end{array}\right)$$

この第 1 行 $(1 \ \ 2 \ | \ 3)$ を元の連立方程式の形に戻すとこうなる。

$$x + 2y = 3 \qquad \cdots ②$$

下の行は（0　0｜0）つまり①式と同じ意味だから、情報が消えてしまって何も得られない。ただ x, y は何でもいいわけじゃなくて②式をみたしてなきゃいけないんだね。例えば、$x=0, y=1$ を①に代入すると成り立つけど、②に代入すると成り立たない。だから、この x, y は解じゃない。

　じゃ、どんな x, y が解になってるのかな。例えば、$x=1, y=1$ を②式に代入してみると、$1+2 \cdot 1=3$ となるから成り立つ。（①式は当然みたすから省略。）だから、これは解になっている。こんなふうに、②さえみたせばオッケーなんだから、そういう x, y が他にもたくさんありそうだよね。

　②式をみたす x, y っていうのは、1個の式で x と y が結ばれてるわけだから、**一方の数が決まればもう一方の数も決まる**でしょ。

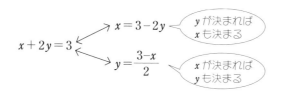

　それならば一方を決めつけてあげようか。例えば $y=2$ とすると、
$$x+2 \times 2=3 \quad より \quad x=3-4=-1$$
というふうに x が一意に決まる。じつは、この y の値は 2 でなくても -1 でも何だっていいわけで、そういうときに具体的な数字の代わりに文字で任意の数を表すんだね。ここでは $y=t$ として、同じように②式に代入して移項すると $x=-2t+3$。だから、まとめてあげると、

$$x=-2t+3, \qquad y=t \quad （t は任意の実数） \qquad \cdots ③$$

　要するに、この形で表されるものなら何でも解っていうわけ。

　たとえば、前のページで $x=1, y=1$ が連立方程式の解になっていることを確かめたんだけど、これは③式で $t=1$ の場合なんだ。$t=1$ を代入すると、確かに $x=1, y=1$ になるからね。

　別の例をもう1つやってみよう。③式に $t=2$ を代入すると、$x=-4+3=-1, y=2$ となるから、$x=-1, y=2$ も連立方程式の解になってるってことね。実際にこれらの x, y を②式に代入してみると、

$$(-1) + 2 \cdot 2 = 3$$

となって、左辺と右辺が等しくなったね。同様に考えれば、t が任意の実数の場合でも③は元の連立方程式の解になっていることがわかる。

こんなふうに、方程式の解が1つには定まらないんだけど、任意の実数をもってくれば解が表せるときに**不定**といいます。

1-2 解のベクトル表記

ここまで話してきたように、方程式が不定の場合、解は③のように任意の実数を用いて表すことができる。[example 1] のような変数が2つだけのときはまだよいけれど、変数が増えるとわかりにくくなってしまう。

そこで、ベクトルを使って解を表記するとけっこう見やすくなるんだ。今のうちに慣れてほしいからここで説明するね。

[example 1] の解 x, y はベクトル表記を使うと、こんなふうに書ける。

ここがPOINT!

③の解のベクトル表記は次のようになる

$$\begin{pmatrix} x \\ y \end{pmatrix} = t \begin{pmatrix} -2 \\ 1 \end{pmatrix} + \begin{pmatrix} 3 \\ 0 \end{pmatrix} \qquad \cdots ④$$

少しベクトルの復習をしながら説明するね。ベクトルの t 倍は全成分を t 倍して、ベクトルの足し算は同じ成分どうしを足し算するんだから

$$t \begin{pmatrix} -2 \\ 1 \end{pmatrix} + \begin{pmatrix} 3 \\ 0 \end{pmatrix} = \begin{pmatrix} -2t \\ t \end{pmatrix} + \begin{pmatrix} 3 \\ 0 \end{pmatrix} = \begin{pmatrix} -2t+3 \\ t \end{pmatrix}$$

っていうふうになる。つまり、解をベクトル表記にするっていうのは、

t に関係する部分とそうでない部分にわけて書く

ということなんだ。③式の場合は x, y は t の1次関数で、x は -2、y は 1 という係数をもっているから、t に関係する部分は $\begin{pmatrix} -2 \\ 1 \end{pmatrix}$。$t$ に関係しない部分は $\begin{pmatrix} 3 \\ 0 \end{pmatrix}$ ね。これを別に書いてあげたものが④なんだね。

ベクトル表記にして何が嬉しいかというと、解が xy 平面上ではどういうところにあるのか見やすくなるのね。まずベクトル $\begin{pmatrix} 3 \\ 0 \end{pmatrix}$ を赤い矢印で、ベクトル $\begin{pmatrix} -2 \\ 1 \end{pmatrix}$ を紫色の矢印で描いておく。④の $t=1$ の場合の絵をこれらのベクトルを使って描いてみよう。ベクトルの足し算だから、$\begin{pmatrix} 3 \\ 0 \end{pmatrix}$ の先っぽから $\begin{pmatrix} -2 \\ 1 \end{pmatrix}$ を足し算するんだね。そうすると、$\begin{pmatrix} -2 \\ 1 \end{pmatrix} + \begin{pmatrix} 3 \\ 0 \end{pmatrix} = \begin{pmatrix} 1 \\ 1 \end{pmatrix}$ となる。下の絵は、あくまで $t=1$ のときの足し算の結果を書いたものだよ。

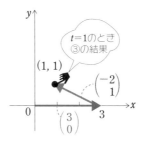

　t は任意の実数だから、紫色のベクトルは t 倍に伸ばしたり縮めたりしてもいいんだね。何ならマイナス倍してもオッケーだから、解は次の図の点線の直線上に乗ってることになる。$t=1$ の点も解になってるし、$t=2$ だったら紫色のベクトルを2倍して足した場所だから、$(-1, 2)$ っていう点も解になってるよってのが、全体的にわかるわけね。

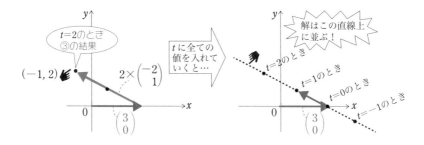

　こんなふうに解をベクトル表記にすると、視覚的に見やすくなるね。変数が増えた場合を扱うと、この表記が便利なことがもっとよくわかるよ。

1-3　4元1次連立方程式の例

それでは変数が増えた連立方程式について考えていきましょう。

example 2
$$\begin{cases} x+y+z+w=1 \\ x+2y+3z+4w=2 \\ 2x+2y+2z+2w=2 \end{cases}$$

●掃き出し法で解く　今までやってきたように、連立方程式の拡大係数行列を書いて掃き出し法を使って解いていこう。まず、左上に1があってラッキーだから、これを丸で囲っておく。これを使ってその真下にある数を消していくためには、1行目を−1倍して2行目に、そして−2倍して3行目に足せばいいね。

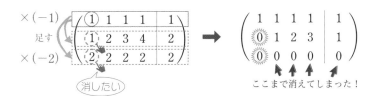

ここまで消えてしまった！

　次に、2行目の左端の1を使って1行目のyの成分を掃き出していきましょう。今度はこの1に丸をつけます。これを使ってすぐ上の1を消したいから、2行目を−1倍して1行目に足す。3行目のyの成分はすでに0になってるからOK。2行目はそのまま。そうすると、こんなふうになるね。

$$\times(-1)\ 足す \begin{pmatrix} 1 & 1 & 1 & 1 & 1 \\ 0 & 1 & 2 & 3 & 1 \\ 0 & 0 & 0 & 0 & 0 \end{pmatrix} \longrightarrow \begin{pmatrix} 1 & 0 & -1 & -2 & 0 \\ 0 & 1 & 2 & 3 & 1 \\ 0 & 0 & 0 & 0 & 0 \end{pmatrix}$$

次に 3 行目の左から 3 番め、z 成分に当たる部分に 1 を作って前後の成分を掃き出したいわけだけども、すでにこれ 0 になってしまっている。そして、3 行目を見てみると全部 0 でしょ。いわゆる情報がないんだったよね。

行列がこの形になったら、さっきやった $\boxed{\text{example 1}}$ と同じように、この部分をもとの連立方程式に戻してあげる。そうすると、こんなふうになる。

$$\begin{pmatrix} 1 & 0 & -1 & -2 & \big| & 0 \\ 0 & 1 & 2 & 3 & \big| & 1 \\ \hline 0 & 0 & 0 & 0 & \big| & 0 \end{pmatrix} \iff \begin{cases} x-z-2w=0 & \cdots ⑤ \\ y+2z+3w=1 & \cdots ⑥ \end{cases}$$

情報なし！

やっぱりこれも、x、y、z、w が何でもいいわけじゃないよね。3 行目の情報はつぶれてしまったけれど、2 つの関係式⑤、⑥は成り立っていなきゃいけないわけだから。でも、この形のままでは連立方程式の解がどんなふうになっているのか見当がつかないね。

とりあえず、$z=1, w=0$ を⑤、⑥式に代入すると、

$$\begin{cases} x-1-2\times 0=0 \\ y+2\times 1+3\times 0=1 \end{cases}$$

より、$x=1, y=-1$ って決まる。今度は $z=2, w=-1$ を⑤、⑥式に代入すると、同じようにして $x=0, y=0$ っていうふうに決まる。つまり、**2 つの文字を決めつけると残りの文字が決まる**んだ。じゃ、その 2 つを決めてみよう。

先ほどは $z=1, w=0$ とか $z=2, w=-1$ って決めたけれども、じつは何でもいい。そういうときは、適当な 2 つの文字を使ってこう決めてみよう。

$$z=s, \quad w=t \qquad\qquad \cdots ⑦$$

残りのものをどうやって表せるかというと、これらを代入して

$$\begin{cases} x\quad-s-2t=0 \\ y+2s+3t=1 \end{cases}$$

より、

$$x=s+2t, \quad y=-2s-3t+1 \quad (s, t \text{ は任意}) \quad \cdots ⑧$$

となるよね。s, t は何でもいいんだから、任意の実数。つまり、これは**不定**のケースの連立方程式だということがわかりました。

●**解のベクトル表記** 最後にこの解をベクトル表記で書いておこう。

まずは s に関係する部分から x、y、z、w の順に見ていく。⑧より、x は s の1次式で係数1だから1、y も s の1次式で係数-2だから-2。⑦より、z は s の1次式で係数1だから1、w は s を持っていないから0。

これより、s に関係する部分は $\begin{pmatrix} 1 \\ -2 \\ 1 \\ 0 \end{pmatrix}$ って表せる。

t に関係する部分も同じようにして、x は2、y は-3、z は0、w は1だから、$\begin{pmatrix} 2 \\ -3 \\ 0 \\ 1 \end{pmatrix}$。

文字 s、t に関係しない部分については、x は定数項をもってないから0、y は定数項が1だから1、z は s だけで定数項がないから0、w も同様に t だけだから0となる。だからこの部分は $\begin{pmatrix} 0 \\ 1 \\ 0 \\ 0 \end{pmatrix}$ と表せて、まとめて

$$\begin{pmatrix} x \\ y \\ z \\ w \end{pmatrix} = s \begin{pmatrix} 1 \\ -2 \\ 1 \\ 0 \end{pmatrix} + t \begin{pmatrix} 2 \\ -3 \\ 0 \\ 1 \end{pmatrix} + \begin{pmatrix} 0 \\ 1 \\ 0 \\ 0 \end{pmatrix}$$

というふうに書ける。これが **example 2** の連立方程式の解を、ベクトル表記で書いたものなんだ。

この例では文字が4つ、4次元の話になってしまって簡単に絵は描けないよね。視覚的に想像するのは少し難しいけども、4次元空間の中でこういうベクトルで表される空間だけが解になるっていう制限されたイメージをもってほしい。

2. 解が存在しない場合

最後に、方程式に解がない場合をやることにしよう。

example 3

$$\begin{cases} x + 2y = 3 \\ 3x + 6y = 12 \end{cases}$$

今までと同じように、拡大係数行列を作って掃き出し法を考えてみよう。ラッキーなことに左上に 1 があるから、この 1 を使って真下にある 3 を消しましょう。1 行目を -3 倍して 2 行目に足し算すると、こうなるよね。

さて、次の作業をやろうかな、と思って 2 行目を見てみると、すでに係数行列の 2 行目が 0 0 になっているし、拡大係数行列が $(0 \ 0 \mid 3)$ ってどういう意味なんだろう。元の連立方程式に戻して考えてみようか。

$$(0 \quad 0 \mid 3) \quad \longleftrightarrow \quad 0 \cdot x + 0 \cdot y = 3 \qquad \cdots ⑨$$

x, y はこの関係式⑨をみたしてなければなりません、と言ってるんだけど、この式をみたす実数って存在する？　⑨式の左辺には何を入れても 0 になってしまうから絶対 3 にはならない。だから⑨をみたす x, y は存在しないのね。このように、解がない場合を**不能**といいます。

ここまで聞いてくれた人は、連立方程式に対する理解が深まってきたと思います。次回は、**拡大係数行列だけを見て解が定まるのか不定なのか不能なのかを判別する方法**を学んで、さらに理解を深めていきましょう。

 まとめ # 連立方程式：不定と不能

★解が定まらない場合

ex.1

$$\begin{cases} x + 2y = 3 \\ 3x + 6y = 9 \end{cases}$$

$$\begin{pmatrix} ① & 2 & | & 3 \\ 3 & 6 & | & 9 \end{pmatrix} \times (-3)$$

$$\to \begin{pmatrix} 1 & 2 & | & 3 \\ \underline{0} & \underline{0} & | & \underline{0} \end{pmatrix}$$ 情報なし

元に戻すと

$$x + 2y = 3$$

> 1つが決まれば
> もう一方が決まる

$y = t$ とすると、

$$x = -2t + 3$$ 不定

$$x = -2t + 3,\ y = t$$

（t は任意の実数）

解のベクトル表記

$$\begin{pmatrix} x \\ y \end{pmatrix} = t\begin{pmatrix} -2 \\ 1 \end{pmatrix} + \begin{pmatrix} 3 \\ 0 \end{pmatrix}$$

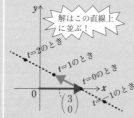

> 解はこの直線上
> に並ぶ！

$t=2$のとき　$t=1$のとき　$t=0$のとき

$\begin{pmatrix} 3 \\ 0 \end{pmatrix}$　$t=-1$のとき

ex.2

$$\begin{cases} x + y + z + w = 1 \\ x + 2y + 3z + 4w = 2 \\ 2x + 2y + 2z + 2w = 2 \end{cases}$$

$$\begin{pmatrix} ① & 1 & 1 & 1 & | & 1 \\ 1 & 2 & 3 & 4 & | & 2 \\ 2 & 2 & 2 & 2 & | & 2 \end{pmatrix} \begin{matrix} \times(-1) \\ \times(-2) \end{matrix}$$

$$\to \begin{pmatrix} 1 & 1 & 1 & 1 & | & 1 \\ 0 & ① & 2 & 3 & | & 1 \\ 0 & 0 & 0 & 0 & | & 0 \end{pmatrix} \times(-1)$$

$$\to \begin{pmatrix} 1 & 0 & -1 & -2 & | & 0 \\ 0 & 1 & 2 & 3 & | & 1 \\ \underline{0} & \underline{0} & \underline{0} & \underline{0} & | & \underline{0} \end{pmatrix}$$
情報なし！

元に戻すと

$$\begin{cases} x - z - 2w = 0 \\ y + 2z + 3w = 1 \end{cases}$$

> 2つ決めると
> 残りが決まる

$z = s,\ w = t$ とすると、

$$x = s + 2t$$ 不定

$$y = -2s - 3t + 1$$

（s, t は任意の実数）

解のベクトル表記

$$\begin{pmatrix} x \\ y \\ z \\ w \end{pmatrix} =$$

$$s\begin{pmatrix} 1 \\ -2 \\ 1 \\ 0 \end{pmatrix} + t\begin{pmatrix} 2 \\ -3 \\ 0 \\ 1 \end{pmatrix} + \begin{pmatrix} 0 \\ 1 \\ 0 \\ 0 \end{pmatrix}$$

★解がない場合

ex.

$$\begin{cases} x + 2y = 3 \\ 3x + 6y = 12 \end{cases}$$

$$\begin{pmatrix} ① & 2 & | & 3 \\ 3 & 6 & | & 9 \end{pmatrix} \times(-3)$$

$$\to \begin{pmatrix} 1 & 2 & | & 3 \\ \underline{0} & \underline{0} & | & \underline{3} \end{pmatrix}$$

元に戻すと

$$0 \cdot x + 0 \cdot y = 3$$

→みたす実数が

　　　存在しない

不能

083

線形代数入門　第7講
連立方程式：階数

係数行列に秘められた情報

7/19

今回はいよいよ線形代数入門講義の第7講ってことで、階数を扱っていきたいと思います。これはどんなものかというと、連立方程式の拡大係数行列を見たときに、その連立方程式に解があるのかないのか判定できるメッチャ偉いやつなんですよ。

1. 階数（rank）の定義

最初に階数（rank）の定義から見ていきましょう。

> ▶‖　階数（rank）の定義
>
> 　任意の行列 A は行基本変形を繰り返すことによって、階段行列にすることができる。
>
> 　このとき、この階段行列の中の少なくとも1つは0でない成分を持つ行の個数 r を行列 A の階数といい、$\mathrm{rank}(A) = r$ と表す。

1-1　階段行列とは何か

　定義を読んでも何を言ってるのかよくわからないと思うので、前半と後半に分けて詳しく説明します。まずは、前半部分から見ていこう。ここで、キーワードは**階段行列**。

任意の行列 A は行基本変形を繰り返すことによって、階段行列にすることができる。

　まず、適当な行列 A を持ってくる。行と行を入れ替える、ある行の定数倍を他の行に加えるっていう行基本変形操作（☞第5講で詳しく解説したね）を繰り返していくと、必ず階段行列の形にすることができると言っているんだね。階段行列を具体的に説明するために、簡単な絵を描いてみよう。

$$A \xrightarrow{\text{行基本変形}} \begin{pmatrix} * & & & \\ & * & * & \\ 0 & & * & * \\ & & & * \end{pmatrix} \text{—何でもOK！}$$

　赤色で囲まれてない部分は全部成分が0ですよっていう意味で、この部分をまとめてデカい0で書いておく。赤で階段の形に囲んだ部分は、0じゃない数字でスタートする階段だと思ってほしい。階段のスタート部分に＊をつけておくね。＊以外の赤い部分の成分は何でもいい。こういう形の行列を階段行列っていうんだ。

　もう少し詳しく言うと、階段行列っていうのは、1段下がるごとに、つまり行が進むごとに＊の前にある0の個数が増えるような行列ということで、段差がないと階段行列っていいません。

　まぁ、こういうのは言葉で説明されてもわからないよね。でも、具体例で書くので安心して下さい。例えば、こういうのは階段行列。

example 1

$$\begin{pmatrix} 1 & 2 & 3 & 0 \\ 0 & 0 & 2 & 5 \\ 0 & 0 & 0 & 9 \end{pmatrix}$$

　左上から見ていって、0じゃないところで階段が始まるから、そこで区切って結んでみるとこんなふうになる。

$$\begin{pmatrix} 1 & 2 & 3 & 0 \\ 0 & 0 & 2 & 5 \\ 0 & 0 & 0 & 9 \end{pmatrix}$$

0でない成分1，2，9が各行の階段の先頭にあって、1段下がると＊の前にある0の個数が上の行から順番に、0，2，3個としっかり増えていってるよね。だから、これは階段行列。

　もう1つ、階段行列の例を挙げてみましょう。

example 2

$$\begin{pmatrix} 0 & \boxed{1 \quad 2 \quad 3 \quad 4} \\ 0 & 0 \quad 0 \quad \boxed{5 \quad 6} \\ 0 & 0 \quad 0 \quad 0 \quad 0 \end{pmatrix}$$

　今度の例は、左上が0になっているけども、0じゃないところから階段が始まるんだったね。階段部分を囲っていくと、1段下がると＊の前にある0の個数が1，3，5としっかり増えてるね。だからこれも階段行列。

●**階段行列でない例**　階段行列でない例も見たほうが理解が深まるから、1つだけ例を挙げておくね。例えば、こんな行列は階段行列ではない。

$$\begin{pmatrix} 1 & 2 & 3 \\ 4 & 0 & 0 \\ 0 & 5 & 0 \end{pmatrix}$$

　何故かというと、1行目も2行目も左から並ぶ0の個数が0だから、1段下がっても0の個数が増えてないよね。階段行列は、1段下がるごとに左側に並ぶ0の個数が必ず1個は増えなきゃいけない。だから、これは階段行列ではないっていうことね。

　階段行列って、言葉で定義すると少しややこしいんだけども、その名の通り階段の形をしてるから、視覚的に見れば混乱せずにすむかなと思います。

1-2　階段行列と rank

　ここでは、定義の後半部分を詳しく見ていきましょう。適当にとってきた行列 A は必ず階段行列の形にすることができる。このとき、

> この階段行列の中の少なくとも1つは0でない成分をもつ行の個数 r を行列 A の階数といい、　$\mathrm{rank}(A) = r$　と表す

と。例えば、example 1 の階段行列の階数を調べてみよう。**少なくとも1つは0でない成分をもつ行の個数を考える**んだから、この場合、1行目は0以外の成分が3つ、2行目は2つ、3行目は1つあるよね。だから**少なくとも1つは0でない成分をもつ行は3個**、この個数が rank に等しいから rank は3ってわけね。

$$\text{rankは3}\quad \begin{pmatrix} 1 & 2 & 3 & 0 \\ 0 & 0 & 2 & 5 \\ 0 & 0 & 0 & 9 \end{pmatrix} \begin{matrix} \leftarrow \\ \leftarrow \\ \leftarrow \end{matrix}$$

　じゃ、次は example 2 を見てみようか。**少なくとも1つがゼロでない成分をもつ行がいくつあるか数えればいいんだった**ね。**ゼロでない成分は1行目は4つ、2行目は2つ**…だけど、3行目は？　1つもないよね。だから、この場合 rank は2と。

$$\text{rankは2}\quad \begin{pmatrix} 0 & 1 & 2 & 3 & 4 \\ 0 & 0 & 0 & 5 & 6 \\ 0 & 0 & 0 & 0 & 0 \end{pmatrix} \begin{matrix} \leftarrow \\ \leftarrow \\ \ \end{matrix}$$

　結局、名前の通りで、階段の段数が rank になってるんだね。example 1 は3段、example 2 は2段しかない。その段を階数っていうってことです。

1-3 rank は行列に固有の量

ここまでしっかり聞いてくれた人は、こんな疑問をもつかもしれない。

「行基本変形の順番によって階数が変わっちゃうんじゃないか？」

じつは rank は行基本変形の手順によらない。つまり rank という量はどんな手順で行基本変形をしていっても、階段行列になったときの階数は変わらないということを示すことができる。ここでは事実として押さえておいてほしい。すなわち

$$\text{rank は } A \text{ 固有の量}$$

行列 A を決めてしまえば、どう工夫してどう行基本変形したって出てくる階数は同じ、階数を変えることはできません。言い換えると階数は行列 A だけで決まっている、つまり rank は A が元々もっているものだということなんだね。いいでしょうか。

ここまで階数（rank）について説明したので、次は連立方程式との関係について見ていきましょう。

2. 連立方程式と階数の関係（具体例）

第5講、第6講では、連立方程式を掃き出し法で実際に解いていって、**解があったかなかったか？　また解が一意に定まったか不定だったか？**　という問題を考えたね。ここでは、連立方程式の**解と拡大係数行列の rank** の関係について調べてみましょう。

2-1 解が一意に求まる場合

まずは、解が一意に決まる場合を、第5講で扱った連立方程式の拡大係数行列を例にあげて説明していこう。第5講ではこれらの連立方程式を掃き出し法を使って求めていったね。掃き出し法の結果だけ書くと、実際こんなふうになった。

第5講 (example 1)　　　　$\begin{pmatrix} 2 & -2 & | & 4 \\ 3 & 4 & | & -8 \end{pmatrix} \longrightarrow \begin{pmatrix} 1 & 0 & | & 0 \\ 0 & 1 & | & -2 \end{pmatrix}$

掃き出し法

第5講 (example 2)　　　　$\begin{pmatrix} 2 & -1 & 1 & | & 6 \\ 1 & -2 & 3 & | & 5 \\ 1 & 3 & -5 & | & 2 \end{pmatrix} \longrightarrow \begin{pmatrix} 1 & 0 & 0 & | & 6 \\ 0 & 1 & 0 & | & 17 \\ 0 & 0 & 1 & | & 11 \end{pmatrix}$

　ここで、掃き出し法の結果の行列を見てみると、掃き出し法を実行した後は必ず階段行列になっていることがわかる。掃き出し法という操作は行基本変形しか使わないから、行基本変形を繰り返した結果出てきた階段行列の rank が元の行列の rank になるということなんだ。つまり行列の rank っていうのは掃き出し法を施した後の行列の形から判断できる。これは、rank の定義と照らし合わせてみれば納得できるよね。

　では、掃き出した後の行列に少し書きこみながら具体的に見ていこうか。まず (example 1) の係数行列の階段部分を赤で囲んでその rank を赤い字で書いておく。次に拡大係数行列も同じように階段部分と rank を紫色で書いておく。どちらも rank は2だよね。

$$\begin{pmatrix} 2 & -2 & | & 4 \\ 3 & 4 & | & -8 \end{pmatrix} \xrightarrow{\text{掃}} \begin{pmatrix} 1 & 0 & | & 0 \\ 0 & 1 & | & -2 \end{pmatrix}$$

rank 2　rank 2　　　解は1つ

　これを見る限りでは係数行列の rank と拡大係数行列の rank が一致する場合に、解が一意に定まるのかな、と思うよね。

　次に (example 2) を見てみると、これも掃き出し法で変形した結果、階段行列になっていて、(example 1) と同じく係数行列の rank と拡大係数行列の rank は一致してる。実際、この連立方程式も、$x = 6, y = 17, z = 11$ っていうふうに解が1つに定まったんだよね。

$$\begin{pmatrix} 2 & -1 & 1 & | & 6 \\ 1 & -2 & 3 & | & 5 \\ 1 & 3 & -5 & | & 2 \end{pmatrix} \xrightarrow{\text{掃}} \begin{pmatrix} 1 & 0 & 0 & | & 6 \\ 0 & 1 & 0 & | & 17 \\ 0 & 0 & 1 & | & 11 \end{pmatrix}$$

rank 3　rank 3　　　解は1つ

これらの 2 つの例で見てきたことを整理しよう。まず、係数行列と拡大係数行列の rank が揃っている。さらに、未知数がいくつあるかは列の個数と同じだからそれを n としよう。そうすると、何だかよくわからないけども、n と係数行列の rank と拡大係数行列の rank の値が一致してるね。

$$n=2 \quad \text{未知数の個数}$$

$$\begin{pmatrix} 2 & -2 & | & 4 \\ 3 & 4 & | & -8 \end{pmatrix} \xrightarrow{\text{掃}} \begin{pmatrix} 1 & 0 & | & 0 \\ 0 & 1 & | & -2 \end{pmatrix}$$

rank 2　rank 2

$$n=3 \quad \text{未知数の個数}$$

解は 1 つ

$$\begin{pmatrix} 2 & -1 & 1 & | & 6 \\ 1 & -2 & 3 & | & 5 \\ 1 & 3 & -5 & | & 2 \end{pmatrix} \xrightarrow{\text{掃}} \begin{pmatrix} 1 & 0 & 0 & | & 6 \\ 0 & 1 & 0 & | & 17 \\ 0 & 0 & 1 & | & 11 \end{pmatrix}$$

rank 3　rank 3

2-2 不定の場合

次に解が 1 つに決まらない場合、具体例として第 6 講 example 1 を使おう。同じように掃き出し法の結果を右側に書いておくんだけども、ここではその行列の 2 行目が 000 になってしまったよね。この行列の列の個数 n、係数行列の rank、拡大係数行列の rank を見てやると、一致してない。

$$n=2$$

$$\begin{pmatrix} 1 & 2 & | & 3 \\ 3 & 6 & | & 9 \end{pmatrix} \xrightarrow{\text{掃}} \begin{pmatrix} 1 & 2 & | & 3 \\ 0 & 0 & | & 0 \end{pmatrix}$$

rank 1　rank 1

不定（任 1）

この場合、元の連立方程式の解は、任意の実数（これを t とおいた）1 個を用いて表せたんだね。こんなふうに、連立方程式が不定であり解が任意の実数 1 個を用いて表されるケースを**不定（任 1）**って書いておく。このとき n と rank の関係を見ると、n と rank が違ってるね。

もう 1 つ、第 6 講 example 2 の少しサイズがデカい場合も見てみましょう。同じように掃き出し法の結果を右側に書いて、未知数の個数 n、係数行列と拡大係数行列の rank を調べてみると、これも n と rank の値が違うよね。

$$\boxed{n=4}$$

$$\begin{pmatrix} 1 & 1 & 1 & 1 & | & 1 \\ 1 & 2 & 3 & 4 & | & 2 \\ 2 & 2 & 2 & 2 & | & 2 \end{pmatrix} \xrightarrow{\text{掃}} \begin{pmatrix} 1 & 0 & -1 & -2 & | & 0 \\ 0 & 1 & 2 & 3 & | & 1 \\ 0 & 0 & 0 & 0 & | & 0 \end{pmatrix}$$

rank 2　　rank 2　　不定（任2）

　この連立方程式の解は **example 1** と同じ不定のタイプなんだけど、任意実数2つ（これらを s, t とおいた）を用いて表されたんだったね。連立方程式が不定であり解が任意の実数2個を用いて表されるから **example 1** にならって**不定（任2）**って書いておく。

　ここで見た不定のタイプは、**係数行列と拡大係数行列の rank が揃っているけど、この値は未知数の個数 n と違っている**なぁと思いながら、次のタイプを見ていきましょう。

2-3　不能の場合

　連立方程式の最後のタイプは、解がない、つまり不能の場合だった。同じように、第6講 **example 3** の掃き出し法の結果と n と rank の値を書き込んでおこう。そうすると、こんなふうに rank も n も値が違ってしまう。

$$\boxed{n=2}$$

$$\begin{pmatrix} 1 & 2 & | & 3 \\ 3 & 6 & | & 12 \end{pmatrix} \xrightarrow{\text{掃}} \begin{pmatrix} 1 & 2 & | & 3 \\ 0 & 0 & | & 3 \end{pmatrix}$$

rank 1　rank 2　　不能

　この節では今まで扱った例題を列挙しただけなんだけども、次の節ではこういった話を一般的にまとめていきましょう。

3. 連立方程式と階数の関係（一般的なまとめ）

●記号　係数行列自体に A というアルファベットを割り当て、定数項ベクトルを b と書いておく。つまり、係数行列だけを意味するときは A と書いて、拡大係数行列を意味するときには Ab と並べて書くということね。n 元

$\boxed{\text{ここでの } Ab \text{ は積を意味していないので注意}}$

1次連立方程式では、n っていうのは未知数の個数のこと。n 個の未知数をもつ連立1次方程式の解は、次のように分類されていくんだ。

3-1 解があるのか、ないのか

● rank(A)≠rank(Ab) の場合　このときは、不能（解なし）なんだ。何でそう言えるのかな？

　拡大係数行列に掃き出し法を行った結果の形を見てみよう。例えば、係数行列と拡大係数行列の rank が合わないときってこんな場合。

$$\begin{pmatrix} * & * & | & * \\ 0 & 0 & | & 2 \end{pmatrix}$$

　棒の左は 0 なのに右側に数が残ってしまうケース。これを元の式に直すと

$$0 \cdot x + 0 \cdot y = 2$$

となるんだけど、この式をみたす実数 x, y って存在しないもんね。

　だから、解がある可能性っていうのは、少なくとも係数行列と拡大係数行列の rank が一致するときに限られるんだね。

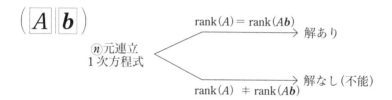

ここからは、解ありの場合をさらに詳しく見ていきましょう。

● rank(A)＝rank(Ab) の場合　どちらも rank が同じだから、係数行列の rank のほうを書いておくね。このとき、さらに次の2つの場合に分けることができる。 3-2 で、それぞれの場合について詳しく見てみよう。

場合分け

係数行列の rank と未知数の個数が同じ場合　$(n = \mathrm{rank}(A))$

係数行列の rank の方が小さい場合　$(n > \mathrm{rank}(A))$

rank の定義から、n より rank の方が大きい場合はあり得ない。だからこの2つの場合だけ調べれば十分。

3-2　解がある場合

● $n = \text{rank}(A)$ の場合　これは解が１つに定まるケースだったね。第５講 example 1 example 2 がこのタイプだけど、ここでは別の例を挙げてみようか。未知数が２個あって rank が係数行列も拡大係数行列も２というようなもの…例えばこんなのはどうかな。

$$\left(\begin{array}{cc|c} 1 & 0 & 2 \\ 0 & 1 & 3 \end{array}\right)$$

これは、$x = 2, y = 3$ というように解が一意に求まるケースだね。

● $n > \text{rank}(A)$ の場合　これは、第６講 example 1 example 2 で扱った不定のケース。不定というのは解がないということではなくて、任意定数を用いて解を表すことができるタイプだったよね。解を表すときに任意定数が何個必要かということも考えると、じつはこんなことがわかるんだ。

ここがPOINT!

解は、$n - \text{rank}(A)$ 個の任意定数で表せる

この意味を、復習を交えながら考えてみよう。

連立方程式が不定のときって、拡大係数行列はこんなふうになったね。

つまり情報つぶれが起こるケース。

もしくは単に、与えられた式よりも未知数が多い場合。たとえば未知数が x, y と２つあるのに対して $x + 2y = 1$ という式が１個しかない場合。未知数の個数の方が連立方程式の個数よりも多かったら、基本、普通に解けないよね。不定のケースはそういう場合に対応しているんだ。

こういうことを踏まえて先ほどの POINT の意味を考えてみると、解を表すためには、潰れてなくなってしまった情報の差額分だけ任意定数を追加で決めつけてあげればいいよ、って言ってるんだね。いいでしょうか。

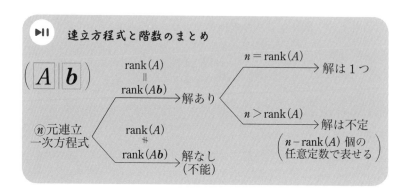

3-3 結局、rank とは

最後に、いままでの話を踏まえてもう少し詳しい話をしよう。まだ今 rank ってのがどういうものかあんまりわかっていないかもしれないから、ここでまとめておくね。

ここが **POINT！**

連立方程式において、rank とは「本質的な方程式の数」

rank がつぶれてしまう場合、つまり 1 行が 0000… って情報がなくなってしまうのは、与えられた連立方程式の中に全く同じ情報が重複して含まれるときに起こるんだよね。どういうことかというと、たとえばこういう連立方程式を考えてみよう。

$$\begin{cases} x + 2y = 4 \\ 2x + 4y = 8 \end{cases}$$

　下の式は上の式を 2 倍しただけだから、全く同じ情報を含んでいるということで、x と y に新しい制限を加えてないよね。こういうとき掃き出し法をすると、拡大係数行列の下の行が 00｜0 になって情報が落ちてしまうんだ。

　rank っていうのはその部分を見抜いていて、連立方程式の中で本質的に意味のある方程式の個数が rank の値だと考えることができる。こういうイメージを持って p.94 の図を見ると、確かにそういうふうになってるよね。

　一番上の $n = \mathrm{rank}(A)$ のケースから確認してみよう。未知数の個数と方程式の個数が一致していたら解が決まるというのが高校のときにもよく現れる考え方だった。ただ、連立方程式が与えられたときに、本質的な情報が被っている場合があるんだね。たとえば、式を組み合わせると被った情報が出てきたり、いま見たように直接被っていたりとか。そういうのを見抜いてくれるのが rank ってこと。

　最後におまけとして定数項が全部 0 の場合の話をしておこう。このとき $b = 0$ になるんだけど、次のようなことが言える。

$b = 0$ なら連立方程式は必ず解をもつ！

　どうしてかというと、$b = 0$ のときは必ず係数行列の $\mathrm{rank}(A)$ と拡大係数行列の $\mathrm{rank}\,(Ab)$ が一致するんだね。これらがズレることはない。だからこの時点で、解ありっていうタイプに分類されるわけだ。つまり右辺が全部 0、つまり定数項ベクトルが 0 である連立 1 次方程式は、解があることが確定する（少なくとも全ての未知数が 0 っていう解があるから考えてみれば当たり前なんだけどね）。こういった視点からも、p.94 のまとめの図を見て欲しいと思います。

　今回は入門ということで、rank の初歩的な部分しか扱えなかったけど、もっと深い意味が色々あるんだ。この本で扱うような初歩的な内容をマスターしたあとに、より専門的な本などを使ってぜひチャレンジしてみてね。

連立方程式：階数

任意の行列 A は行基本変形を繰り返すことによって、階段行列にすることができる。

このとき、この階段行列の中の少なくとも1つは0でない成分をもつ行の個数 r を行列 A の階数（rank）といい、

$$\mathrm{rank}(A) = r \quad \text{と表す。}$$

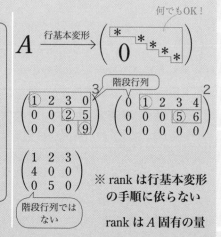

何でもOK！

$$A \xrightarrow{\text{行基本変形}} \begin{pmatrix} * & * & * & * \\ & & * & * \\ 0 & & & * \end{pmatrix}$$

階段行列

$$\begin{pmatrix} ① & 2 & 3 & 0 \\ 0 & 0 & ② & 5 \\ 0 & 0 & 0 & ⑨ \end{pmatrix}3 \qquad \begin{pmatrix} 0 & ① & 2 & 3 & 4 \\ 0 & 0 & 0 & ⑤ & 6 \\ 0 & 0 & 0 & 0 & 0 \end{pmatrix}2$$

$$\begin{pmatrix} 1 & 2 & 3 \\ 4 & 0 & 0 \\ 0 & 5 & 0 \end{pmatrix}$$

階段行列ではない

※ rank は行基本変形の手順に依らない

rank は A 固有の量

○連立方程式との関係

$n=2$ 未知数の個数

$$\begin{pmatrix} 2 & -2 & | & 4 \\ 3 & 4 & | & -8 \end{pmatrix} \xrightarrow{\text{掃}} \begin{pmatrix} \underset{\text{rank 2}}{1} & 0 & | & \underset{\text{rank 2}}{0} \\ 0 & 1 & | & -2 \end{pmatrix}$$

解は1つ

$n=3$

$$\begin{pmatrix} 2 & -1 & 1 & | & 6 \\ 1 & -2 & 3 & | & 5 \\ 1 & 3 & -5 & | & 2 \end{pmatrix} \xrightarrow{\text{掃}} \begin{pmatrix} \underset{\text{rank 3}}{1} & 0 & 0 & | & \underset{\text{rank 3}}{6} \\ 0 & 1 & 0 & | & 17 \\ 0 & 0 & 1 & | & 11 \end{pmatrix}$$

解は1つ

$n=2$

$$\begin{pmatrix} 1 & 2 & | & 3 \\ 3 & 6 & | & 9 \end{pmatrix} \xrightarrow{\text{掃}} \begin{pmatrix} \underset{\text{rank 1}}{1} & 2 & | & \underset{\text{rank 1}}{3} \\ 0 & 0 & | & 0 \end{pmatrix} \quad \text{不定（任1）}$$

$n=4$

$$\begin{pmatrix} 1 & 1 & 1 & 1 & | & 1 \\ 1 & 2 & 3 & 4 & | & 2 \\ 2 & 2 & 2 & 2 & | & 2 \end{pmatrix}$$

$$\xrightarrow{\text{掃}} \begin{pmatrix} \underset{\text{rank 2}}{1} & 0 & -1 & -2 & | & \underset{\text{rank 2}}{0} \\ 0 & 1 & 2 & 3 & | & 1 \\ 0 & 0 & 0 & 0 & | & 0 \end{pmatrix}$$

不定（任2）

$n=2$

$$\begin{pmatrix} 1 & 2 & | & 3 \\ 3 & 6 & | & 12 \end{pmatrix}$$

$$\xrightarrow{\text{掃}} \begin{pmatrix} \underset{\text{rank 1}}{1} & 2 & | & \underset{\text{rank 2}}{3} \\ 0 & 0 & | & 3 \end{pmatrix} \quad \text{不能}$$

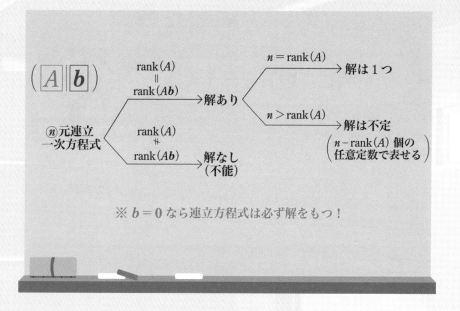

$$\left(\boxed{A}\ \boxed{b}\right)$$

n元連立
一次方程式

rank(A)
$\|$
rank(Ab)
→解あり

rank(A)
$\neq$
rank(Ab)
→解なし
（不能）

$n = $ rank(A)
→解は 1 つ

$n > $ rank(A)
→解は不定
$\begin{pmatrix} n - \text{rank}(A) \text{個の} \\ \text{任意定数で表せる} \end{pmatrix}$

※ $b = 0$ なら連立方程式は必ず解をもつ！

行列に「数」を与えよう

　今回は正方行列に対して定義される行列式というものを扱っていきます。ここでは、「どうしてこんなものを考えるのか？」っていうモチベーション部分からしっかり説明していきたいと思います。じゃ、さっそく始めましょう。

1.　行列式の定義

1-1　モチベーション

係数が全部文字になっている普通の 2 元連立 1 次方程式を考えます。

example 1

$$\begin{cases} ax + by = e & \cdots① \\ cx + dy = f & \cdots② \end{cases}$$

　これを解きなさいって言われたら、まずは y を消したい。そのためには、例えば①式を d 倍したものから②式を b 倍したものを引き算すればいい。

$$\begin{array}{r} adx + bdy = de \\ -)\ bcx + bdy = bf \\ \hline (ad - bc)x = de - bf \end{array}$$

やった、これで x が求められる！
って $ad-bc$ で割るのは素人だよね。

　ここで慌てて $ad-bc$ で両辺を割っちゃ駄目だよ。だってこれが 0 かも知れないからね。係数が文字の場合はこういうことに注意するんだった。

　だから、「もし $ad-bc \neq 0$ ならば」ってことを断ったうえで

$$x = \frac{de-bf}{ad-bc}$$

ってなるよね。ちなみに y だけの式にするために x を消そうとしてみても、同じように場合分けが必要になるよ。$ad-bc \neq 0$ のとき

$$y = \frac{af-ce}{ad-bc}$$

っていうふうにね。

　ここでわかったことは、もし $ad-bc \neq 0$ っていう条件が成り立っていたら連立方程式の解が一意に定まるっていうことだ。それでは、いったん元に戻って、行列を使って連立方程式を表してみよう。

$$\begin{cases} ax+by=e \\ cx+dy=f \end{cases} \quad \overset{\text{行列による表現}}{\Longleftrightarrow} \quad \begin{pmatrix} a & b \\ c & d \end{pmatrix}\begin{pmatrix} x \\ y \end{pmatrix} = \begin{pmatrix} e \\ f \end{pmatrix}$$

解の一意性はこの部分で決まる！

　ここで、example 1 のような連立方程式の解が一意に定まるかどうかというのは、$\begin{pmatrix} e \\ f \end{pmatrix}$ という部分じゃなくて、$ad-bc$ っていう部分に関わっていることに注意してほしい。$ad-bc$ という値は全部が係数行列の成分でできているから、解の一意性は係数行列 $\begin{pmatrix} a & b \\ c & d \end{pmatrix}$ に関係していると言ってもいいんだね。

　この $ad-bc$ という値には $\begin{pmatrix} a & b \\ c & d \end{pmatrix}$ の行列式という名前がついていて、いまからその行列式っていうものの定義から説明しましょう。

1-2 定義 〜2×2 行列の場合

まず、2次正方行列を A とおこう。一般的に考えたいのでさっきは係数行列を $\begin{pmatrix} a & b \\ c & d \end{pmatrix}$ とおいたけど、もっと一般的な表記にするなら、$\begin{pmatrix} a_{11} & a_{12} \\ a_{21} & a_{22} \end{pmatrix}$ とおく。こういうふうにすると、a_{11} は1行目1列目の成分ですよ、a_{21} は2行目1列目の成分ですよ、…っていうように中身がよりわかりやすくなる。

ところで example 1 の係数行列 $\begin{pmatrix} a & b \\ c & d \end{pmatrix}$ の中で、解の一意性の性質が関わってきた部分って何だったっけ？　それは、斜めに掛けたもの同士を引き算した $ad - bc$ じゃなかったかな。

$$\boxed{ad} - \boxed{bc}$$
解の一意性が
関わってくる部分

もちろん文字が変わっても同じことだから、$\begin{pmatrix} a_{11} & a_{12} \\ a_{21} & a_{22} \end{pmatrix}$ に対して斜め掛け同士の引き算を書くと、こうなるね。

$$a_{11}\, a_{22} - a_{12}\, a_{21}$$

この値に対して**行列式**という名前をつける。これをどんな記号で表すかと言うと、行列の両側を縦棒で囲ってしまうような記号で

$$\begin{vmatrix} a_{11} & a_{12} \\ a_{21} & a_{22} \end{vmatrix}$$

と表したりする。もしくは、行列を文字で置き換えたアルファベット表記に縦棒をつけたもので表すこともある。

$$|A|$$

この他にもいろいろあってややこしいんだけども、もう1つ紹介しておくと、行列式は英語で determinant って言うから頭三文字をとって

$$\det A$$

と書いたりもします。ここまで説明してきたことをまとめておくよ。

▶‖ 行列式の定義 （2×2行列）

2次正方行列　$A = \begin{pmatrix} a_{11} & a_{12} \\ a_{21} & a_{22} \end{pmatrix}$

に対して、$a_{11}\,a_{22} - a_{12}\,a_{21}$　を A の**行列式**といい、
<u>determinant</u>

$$\begin{vmatrix} a_{11} & a_{12} \\ a_{21} & a_{22} \end{vmatrix}, \qquad |A|, \qquad \det A$$

と表す。

●**行列式は行列じゃない**　気をつけてほしいことがいくつかあるので、聞いてください。まず1つめ。行列式っていう名前からして、

「俺、行列ですよー」

って感じでグイグイ来るんだけども、行列式は**行列じゃない**。ただの**普通の数**だよね。行列の両側に縦棒つけた瞬間にある数になっちゃう。行列の成分は普通の数だから、これらをかけ算して引き算したものも普通の1個の数になるよね。だからこう認識してあげましょう。

「お前行列じゃない！」

●**行列記号は絶対値じゃない**　もう1個、注意があるんだ。両側に縦棒をつける記号って、絶対値に使っていたよね。だから、ときどき「行列式は必ず正だ！」って勘違いする人がいる。たとえば、行列 $\begin{pmatrix} 1 & 9 \\ 9 & 3 \end{pmatrix}$ に対してその行列式を計算すると、

$$\begin{vmatrix} 1 & 9 \\ 9 & 3 \end{vmatrix} = 1 \times 3 - 9 \times 9 = -78$$

っていうふうに負になるよね。行列式は必ずしも正とは限らないんだ。

　新しい概念を勉強するときには、いろいろと気をつけなきゃいけないところがあるんだけれど、慣れるまで注意しながら進めて下さい。

1-3 定義　〜3 × 3 行列の場合

　ここまでは 2 変数の連立方程式を考えてきたので 2 次正方行列を扱ってきたけど、変数を 2, 3, … と増やして、もっと一般に n の場合でも同じことを考えよう。行列式が解の一意性に関わるという話は、より高次元でもあるはずだもんね。

　ここでは 3 次元の行列式の定義を説明していこう。

●**定義**　まず、2 次正方行列のときと同じように定義を書きます。ただ、これ、ちょっと見ると式が長くてヤバいよね。いきなりこんな式を並べると混乱してしまう人もいると思う。

▶Ⅱ　**行列式の定義（3 × 3 行列）**

3 次正方行列　$A = \begin{pmatrix} a_{11} & a_{12} & a_{13} \\ a_{21} & a_{22} & a_{23} \\ a_{31} & a_{32} & a_{33} \end{pmatrix}$

に対して、

$$a_{11}\,a_{22}\,a_{33} + a_{21}\,a_{32}\,a_{13} + a_{31}\,a_{23}\,a_{12} - a_{13}\,a_{22}\,a_{31} - a_{12}\,a_{21}\,a_{33} - a_{11}\,a_{32}\,a_{23}$$

を A の**行列式**といい、

$$\begin{vmatrix} a_{11} & a_{12} & a_{13} \\ a_{21} & a_{22} & a_{23} \\ a_{31} & a_{32} & a_{33} \end{vmatrix}, \qquad |A|, \qquad \det A$$

と表す。

　これ、式は長いけど普通の数同士のかけ算、足し算、引き算をしてるだけだから、ある 1 つの数になっていることに注目してください。

　行列式は、2次、3次の場合だけでなくもっと高次にも定義されるんだけど、その式はけっこう煩雑になるから、この講義では扱わないことにするね。でも、ちゃんと定義されるってことは知っておいてほしい。

　次に、こんな複雑な式をどのように考えたらスラスラ書けるようになるのかっていう話をしよう。

●**サラスの方法**　そのための方法が**サラスの方法**と呼ばれるものなんだ。ただ、これは3次正方行列のみにしか使えないので気をつけてほしい。

　では、3次正方行列の一般形を書いて、その方法について説明します。まず、左上からから右下に向かって斜めに引っ張りながらかけ算したものを全部足し合わせていく。これがどういうことなのか、まずは a_{11} からやっていくから見ててね。

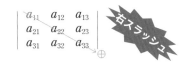

　この部分が $+ a_{11}\, a_{22}\, a_{33}$ ね。そして、次は1段下の a_{21} からスタートして右スラッシュするんだけど、かけ算する成分が3個になるってことを忘れなければ間違えることはない。そうするとこの部分は $+ a_{21}\, a_{32}\, a_{13}$ だね。

ウーンウッてなってここまで勢い余ってもいい

　もう一個右スラッシュできる場所あるね。さらに一段下の a_{31} からスタートして右スラッシュすると、勢い余って上まで行って $+ a_{31}\, a_{23}\, a_{12}$ なんだけど、ここで p.102 の定義の赤い字で書いてある部分を見てほしい。右スラッシュしてかけたものにプラスをつけたものが全部あるよね。これで右スラッシュの部分はおしまい。

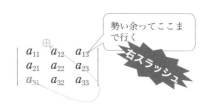

そして、次に左スラッシュを考える。左スラッシュしたものは紫で書くことにするね。はじめに a_{13} からスタートして左下に斜めに引っ張りながらかけ算したものが左スラッシュ。これにマイナスをつけて書くと $-a_{13}a_{22}a_{31}$。同じようにまた 1 段上にずらして a_{12} からスタートして左スラッシュ。合計 3 個になるように勢い余って上まで行くと $-a_{12}a_{21}a_{33}$。

最後にさらに 1 段あげて左スラッシュ。勢い余って 2 個ある場所まで行ってブチブチブチっとかけ算したものに－つけて $-a_{11}a_{32}a_{23}$。これも定義を見てもらうと、紫色で書いた部分は全部あるから確かめておいてね。

具体例で見たほうがイメージできると思うので、例題をやってみよう。

---

example 2

$$\begin{vmatrix} 2 & 0 & 1 \\ -1 & 1 & 0 \\ -2 & 3 & 4 \end{vmatrix} = 8 + (-3) + 0 - (-2) - 0 - 0 = 7$$

右スラッシュ　$+2\cdot1\cdot4+(-1)\cdot3\cdot1+(-2)\cdot0\cdot0=8+(-3)+0$
左スラッシュ　$-1\cdot1\cdot(-2)-0\cdot(-1)\cdot4-2\cdot3\cdot0=-(-2)-0-0$
　　　　　　　だから、$8+(-3)+0-(-2)-0-0=7$

やっぱり答えは、普通の 1 個の数になったね。行列式は行列じゃない、普通の数だということに注意して下さい。

2. 行列式の性質

次に、行列式はどういう性質をもっているのかという話に進みましょう。

2-1 転置不変性

まず、**転置**とは行列の成分を対角線で折り返す操作のことをいうんだ。

具体的に見ていきましょう。行列 A を 2 次正方行列として、その転置した行列を A^t って書くことにするね。そうすると、対角線で折り返すから対角線上の成分は固定される。この固定された部分に紫の線を引っ張っておくね。この紫の線を軸にひっくり返した行列が A^t になる。

$$A = \begin{pmatrix} a_{11} & a_{12} \\ a_{21} & a_{22} \end{pmatrix} \rightarrow A^t = \begin{pmatrix} a_{11} & a_{21} \\ a_{12} & a_{22} \end{pmatrix}$$

3 次以上の行列でも転置の意味は同じだから一般的な形で書いておこう。対角線に紫の線を引っ張った部分が固定部分。ここで折り返すのね。折り返す軸部分は変わらないから対角線成分はそのまま。それ以外の部分は、a_{21} が a_{12} のあった場所、a_{12} が a_{21} のあった場所に来て入れ替わる。同様に a_{31} が a_{13} のあった場所、a_{13} が a_{31} のあった場所に来て入れ替わる。他も同様。

$$A = \begin{pmatrix} a_{11} & a_{12} & a_{13} \\ a_{21} & a_{22} & a_{23} \\ a_{31} & a_{32} & a_{33} \end{pmatrix} \rightarrow A^t = \begin{pmatrix} a_{11} & a_{21} & a_{31} \\ a_{12} & a_{22} & a_{32} \\ a_{13} & a_{23} & a_{33} \end{pmatrix}$$

ここでどうして t と書くかというと、転置のことを英語で transpose っていうから、頭文字 t を使ってるだけなんだ。これが転置というものです。

それでは、行列式の性質の 1 つめを書いておくよ。

▶❙❙ 　性質1 転置不変性
$$|A| = |A^t|$$

この性質は、行列を転置しても行列式の値は変りませんっていうもので、2 次、3 次正方行列の成分を一般的に書いて、その転置行列の行列式を計算すれば確かめられます。

ところで転置という操作は、元々行だったものを列に変えるということだから、行↔列（行は列に、列は行に）ということを意味してるんだ。

$$A = \begin{pmatrix} a_{11} & a_{12} & a_{13} \\ a_{21} & a_{22} & a_{23} \\ a_{31} & a_{32} & a_{33} \end{pmatrix} \quad \rightarrow \quad A^t = \begin{pmatrix} a_{11} & a_{21} & a_{31} \\ a_{12} & a_{22} & a_{32} \\ a_{13} & a_{23} & a_{33} \end{pmatrix}$$

つまり転置不変性に隠れたメッセージは、行と列を入れ替える操作をしても行列式の値が変わらないということなんだね。

ここがPOINT！

行で成り立つ性質は列でも成り立つ

この性質は、今後ときどき使うから、覚えておいてほしい。

2-2 交代性

じゃ、行列式の性質の2つめ。

▶‖ 性質2 交代性
    行（列）を入れ替えると行列式の値は（−1）倍される

この意味は、ちょっと具体的に考えてみればわかる。

例えば、3次正方行列 $\begin{pmatrix} a_{11} & a_{12} & a_{13} \\ a_{21} & a_{22} & a_{23} \\ a_{31} & a_{32} & a_{33} \end{pmatrix}$ の行列式をもってきて、1列目と3

列目を入れ替えた行列 $\begin{pmatrix} a_{13} & a_{12} & a_{11} \\ a_{23} & a_{22} & a_{21} \\ a_{33} & a_{32} & a_{31} \end{pmatrix}$ を考えましょう（2列目は入れ替えて

ないからそのまま）。列を1回入れ替えたら行列式の符号が変わるということは、元の行列式の値にマイナスがつくっていうこと。それが交代性の意味。

$$\begin{vmatrix} a_{11} & a_{12} & a_{13} \\ a_{21} & a_{22} & a_{23} \\ a_{31} & a_{32} & a_{33} \end{vmatrix} = - \begin{vmatrix} a_{13} & a_{12} & a_{11} \\ a_{23} & a_{22} & a_{21} \\ a_{33} & a_{32} & a_{31} \end{vmatrix}$$

（具体的に計算すれば確かめられるから、是非やってみてね。）

2-3 多重線形性

3つめの性質、多重線形性って厨二心をくすぐる超カッコいいやつ。これはどんなものかっていうと、

> ▶Ⅱ　〔性質3〕多重線形性
>
> ある行（列）の定数倍を他の行（列）に加えても行列式の値は変化しない

p.106のPOINTで説明したけれども、行で成り立つ性質は列でも成り立つから、行で成り立つことが確かめられれば十分だよね。いままで続けて受講してる人は、上の性質の「ある行の定数倍を他の行に加える」に似た操作は沢山してきたので直観がバッて働くかもしれない。この多重線形性という性質は、今までやってきた3つの中で一番複雑だから、丁寧に説明するね。

たとえば、3次正方行列に対して、「ある行の定数倍を他の行に加える」っていう操作をやってみようか。1行目の c 倍を2行目に加えた行列式が、元の行列式とイコールになりますよっていうのが多重線形性という性質なんだ。

$$\times c \left| \begin{array}{ccc} a_{11} & a_{12} & a_{13} \\ a_{21} & a_{22} & a_{23} \\ a_{31} & a_{32} & a_{33} \end{array} \right| = \left| \begin{array}{ccc} a_{11} & a_{12} & a_{13} \\ a_{21}+ca_{11} & a_{22}+ca_{12} & a_{23}+ca_{13} \\ a_{31} & a_{32} & a_{33} \end{array} \right|$$

これ、行列のサイズがデカくなったんじゃないかなって思うかもしれないけど、じつは2行目は、成分が具体的な数じゃなくて文字だから、まとめられなくて長くなっただけ。実際3×3のままだから、気をつけてね。

はい、っていうことで、これが行列式で使う主な3つの性質。これらの性質を使いながら、もっと大きいサイズの行列式は実際にどうやって計算するか？　サラスの方法よりも何か効率的な計算方法はないか？　ということを考えていきたいと思います。こういった話が、次回扱う**余因子展開**っていうものです。お楽しみに。

まとめ 行列式：定義と性質

●**行列式の定義**

行列による表現

$$\begin{cases} ax + by = e \\ cx + dy = f \end{cases} \quad \begin{pmatrix} a & b \\ c & d \end{pmatrix}\begin{pmatrix} x \\ y \end{pmatrix} = \begin{pmatrix} e \\ f \end{pmatrix}$$

解の一意性はこの部分で決まる！

$$\begin{array}{r} adx + bdy = de \\ -) \ bcx + bdy = bf \\ \hline (ad - bc)x = de - bf \end{array}$$

もし $\underline{ad - bc \neq 0}$ ならば

$$x = \frac{de - bf}{ad - bc}$$

解が一意に定まる！

$$y = \frac{af - ce}{ad - bc}$$

定義

2次正方行列 $A = \begin{pmatrix} a_{11} & a_{12} \\ a_{21} & a_{22} \end{pmatrix}$

に対して、 $a_{11}\,a_{22} - a_{12}\,a_{21}$ を A の行列式といい、
determinant

$$\begin{vmatrix} a_{11} & a_{12} \\ a_{21} & a_{22} \end{vmatrix}, \quad |A|, \quad \det A$$

と表す。

定義

3次正方行列 $A = \begin{pmatrix} a_{11} & a_{12} & a_{13} \\ a_{21} & a_{22} & a_{23} \\ a_{31} & a_{32} & a_{33} \end{pmatrix}$

に対して、

$a_{11}\,a_{22}\,a_{33} + a_{21}\,a_{32}\,a_{13} + a_{31}\,a_{23}\,a_{12}$

$\quad - a_{13}\,a_{22}\,a_{31} - a_{12}\,a_{21}\,a_{33} - a_{11}\,a_{32}\,a_{23}$

を A の行列式といい、

$$\begin{vmatrix} a_{11} & a_{12} & a_{13} \\ a_{21} & a_{22} & a_{23} \\ a_{31} & a_{32} & a_{33} \end{vmatrix}, \quad |A|, \quad \det A$$

と表す。

※より高次元でも定義される

●サラスの方法

$$\begin{vmatrix} a_{11} & a_{12} & a_{13} \\ a_{21} & a_{22} & a_{23} \\ a_{31} & a_{32} & a_{33} \end{vmatrix}$$

$\ominus$　　　　$\oplus$

ex.

$$\begin{vmatrix} 2 & 0 & 1 \\ -1 & 1 & 0 \\ -2 & 3 & 4 \end{vmatrix}$$

$$= 8 + (-3) + 0 - (-2) - 0 - 0$$
$$= 7$$

●行列式の性質

①転置不変性　行で成り立つ性質は列でも成り立つ

$$|A| = |A^t|$$

②交代性

行（列）を入れ替えると行列式の値は
(-1) 倍される

③多重線形性

ある行（列）の定数倍を他の行（列）
に加えても行列式の値は変化しない

※転置（tracepose）

行列の成分を対角線で折り返す

$$A = \begin{pmatrix} a_{11} & a_{12} \\ a_{21} & a_{22} \end{pmatrix} \rightarrow A^t = \begin{pmatrix} a_{11} & a_{21} \\ a_{12} & a_{22} \end{pmatrix}$$

$$A = \begin{pmatrix} a_{11} & a_{12} & a_{13} \\ a_{21} & a_{22} & a_{23} \\ a_{31} & a_{32} & a_{33} \end{pmatrix}$$

$$\rightarrow A^t = \begin{pmatrix} a_{11} & a_{21} & a_{31} \\ a_{12} & a_{22} & a_{32} \\ a_{13} & a_{23} & a_{33} \end{pmatrix}$$

②交代性

行⟷列

$$\begin{vmatrix} a_{11} & a_{12} & a_{13} \\ a_{21} & a_{22} & a_{23} \\ a_{31} & a_{32} & a_{33} \end{vmatrix}$$

$$= -\begin{vmatrix} a_{13} & a_{12} & a_{11} \\ a_{23} & a_{22} & a_{21} \\ a_{33} & a_{32} & a_{31} \end{vmatrix}$$

③多重線形性

$\times c$
$$\begin{vmatrix} a_{11} & a_{12} & a_{13} \\ a_{21} & a_{22} & a_{23} \\ a_{31} & a_{32} & a_{33} \end{vmatrix}$$

$$= \begin{vmatrix} a_{11} & a_{12} & a_{13} \\ a_{21}+ca_{11} & a_{22}+ca_{12} & a_{23}+ca_{13} \\ a_{31} & a_{32} & a_{33} \end{vmatrix}$$

今回は第8講で扱った行列式をもっと詳しくやっていきたいと思います。

行列式とはどんなものか、そしてより高次な場合はどうやって計算すればいいの
か、そのためには余因子展開という方法があるよ、という言う話をします。

1. 余因子展開とは

1-1 Introduction

まずはちょっとした復習ね。3×3の行列式ってこんな感じだったでしょ。
長ったらしい式がずらずらずらずら…っと並んでいたね。これをまるごと覚
えるんじゃなくて、実際はサラスの方法で右スラッシュで＋、左スラッシ
ュで－というふうに考えてこの式を作ることができたっていうわけです。

$$\begin{vmatrix} a_{11} & a_{12} & a_{13} \\ a_{21} & a_{22} & a_{23} \\ a_{31} & a_{32} & a_{33} \end{vmatrix}$$
$$= a_{11}a_{22}a_{33} + a_{21}a_{32}a_{13} + a_{31}a_{23}a_{12} - a_{13}a_{22}a_{31} - a_{12}a_{21}a_{33} - a_{11}a_{32}a_{23}$$

ただ、サラスの方法は3×3のときしか使えないし、特に考えや
すいわけでもないし、計算が速くなるわけでもない。だからもう一歩進んだ
勉強をして、もっと見通しのよい方法でやりたい。その方法が、余因子展
開っていうものになります。この方法を使えば、3×3よりも大きいサイズ
の行列式も機械的に計算できるので、楽しみにしててください。

ここでは、余因子展開の一般的な話をする前に、まず具体例を2つ見てみましょう。そうして感覚がわかったら、文字のみで書かれる一般的な式の意味もわかりやすくなると思います。

1-2　具体例　～3 × 3 行列の場合

　具体例として、3×3の余因子展開をさっそく見てみよう。一般的にやりたいので、次のような3×3行列を考える。

$$\begin{pmatrix} a_{11} & a_{12} & a_{13} \\ a_{21} & a_{22} & a_{23} \\ a_{31} & a_{32} & a_{33} \end{pmatrix}$$

　この行列式の値を、サラスの方法でなく、余因子展開という方法で計算していきましょう。

●**第1列について展開**　余因子展開の展開という操作は、1つの行とか列を選んで行列式を変形していくことなんだ。ここでは、具体的に**第1列を選んでそこで展開**という操作をやっていきましょう。第1列を上から下に向かって作業していくので方向を表す記号↓を書き込んでおくね。

$$\begin{vmatrix} a_{11} & a_{12} & a_{13} \\ a_{21} & a_{22} & a_{23} \\ a_{31} & a_{32} & a_{33} \end{vmatrix}$$

第1列で展開

　まず、第1列の一番上にある a_{11} に注目する。そしてその a_{11} を抜き出して、それに (-1) をかけ算する。その (-1) の右肩に、a_{11} が何行何列かという情報を足し算で書く。これがどういう意味かというと、次のような操作をすること。

STEP 1　　$a_{11}(-1)^{1+1}$ ← 1行1列の成分 → 1＋1 というふうに考えて 1＋1＝2 乗する

　それから何をするのかというと、元の3×3行列からいま注目している a_{11} を含むような行 $a_{11}\,a_{12}\,a_{13}$ と列 $\begin{matrix} a_{11} \\ a_{21} \\ a_{31} \end{matrix}$ を除いた行列を考える。

$$\text{取り除く} \longrightarrow \begin{pmatrix} a_{11} & a_{12} & a_{13} \\ a_{21} & a_{22} & a_{23} \\ a_{31} & a_{32} & a_{33} \end{pmatrix}$$

そうすると、$\begin{pmatrix} a_{22} & a_{23} \\ a_{32} & a_{33} \end{pmatrix}$ という行列になって、この行列式を抜き出してか

け合わせてあげる。ここまでの操作ではこんなふうになる。

STEP 2 $a_{11}(-1)^{1+1} \begin{vmatrix} a_{22} & a_{23} \\ a_{32} & a_{33} \end{vmatrix}$

まだまだ操作は続くからこれは中間的なものに過ぎないんだけども、ここ
で操作をちょっと中断して**用語**を押さえておこう。

注目する成分の行と列を除く、元のサイズより小さい行列式を**小行列式**と
いう。そして、注目した成分を除いた部分を**余因子**というんだ。**余因子はど
の成分に注目するかで変わる**から、正確には a_{11} の余因子という。

$$a_{11} \text{ の余因子} \qquad \qquad \text{小行列式}$$

$$\boxed{a_{11}(-1)^{1+1} \begin{vmatrix} a_{22} & a_{23} \\ a_{32} & a_{33} \end{vmatrix}} \qquad \overbrace{a_{11} \text{ につきまとってるね。}}$$

次に a_{11} の下の a_{21} に行くんだけども、やることは同じ。a_{21} は 2 行 1 列な
ので、(-1) を $2+1=3$ 乗してあげる。そして小行列式は a_{21} を含む行と列
を除くんだから、こんなふうになるね。

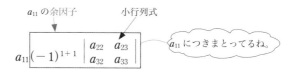

だから a_{21} の余因子は $(-1)^{2+1} \begin{vmatrix} a_{12} & a_{13} \\ a_{32} & a_{33} \end{vmatrix}$ となる。

さらに、a_{21} の下の a_{31} に注目して同様に **STEP 2** の操作を続けると、a_{31}
の余因子は $(-1)^{3+1} \begin{vmatrix} a_{12} & a_{13} \\ a_{22} & a_{23} \end{vmatrix}$ となります。

ここで第1列の全ての成分に対して余因子をかけたものを足し算してあげよう。これが**余因子展開**というもの。

▶Ⅱ　**余因子展開**　（第1列で展開）

$$
\begin{vmatrix} a_{11} & a_{12} & a_{13} \\ a_{21} & a_{22} & a_{23} \\ a_{31} & a_{32} & a_{33} \end{vmatrix}
$$

$$
= \underbrace{a_{11}(-1)^{1+1} \begin{vmatrix} a_{22} & a_{23} \\ a_{32} & a_{33} \end{vmatrix}}_{a_{11} \text{ の余因子}} + \underbrace{a_{21}(-1)^{2+1} \begin{vmatrix} a_{12} & a_{13} \\ a_{32} & a_{33} \end{vmatrix}}_{a_{21} \text{ の余因子}}
$$

$$
+ \underbrace{a_{31}(-1)^{3+1} \begin{vmatrix} a_{12} & a_{13} \\ a_{22} & a_{23} \end{vmatrix}}_{a_{31} \text{ の余因子}}
$$

　余因子展開の何が嬉しいかというと、元の行列のサイズよりも小さい行列式（小行列式）の計算で済むっていうことなんだね。本来は面倒な 3×3 の行列式の計算だったんだけど、2×2 の行列式の計算をすればいいということになった。で、2×2 の行列式はすごく簡単な公式で計算できたよね。

　それでは計算を続けましょう。2×2 の行列式の公式を使ったあとは展開してまとめてあげればおしまい。

$$
= a_{11}(a_{22}a_{33} - a_{23}a_{32}) - a_{21}(a_{12}a_{33} - a_{13}a_{32}) + a_{31}(a_{12}a_{23} - a_{13}a_{22})
$$

$$
= a_{11}a_{22}a_{33} + a_{21}a_{32}a_{13} + a_{31}a_{23}a_{12} - a_{13}a_{22}a_{31} - a_{12}a_{21}a_{33} - a_{11}a_{32}a_{23}
$$

> 文字の順番は違っているけど、第1列の余因子展開で出した結果が、**1-1**のサラスの方法で出した行列式と同じになっていることを確認してね。

　ここで一度まとめておくと、余因子展開というのは行列式の値を計算する方法の1つで、ある列（または行）に注目することによって、元の行列式の次数を下げていく方法ということです。

　もっと納得するために、次に他のところでも展開する例をやっていくね。

●**第2行について展開**　次は少しマニアックにド真ん中の第2行で展開してみよう。この場合も、今までと同様に順を追って考えていけばいい。

　最初に a_{21} を書いて、これが2行1列だから(-1)の指数は$2+1$、そして a_{21} を含む行と列を除いた部分の行列式をかけてあげる。だから、こうなる。

$$\underset{\substack{\text{第}\\2\\\text{行}\\\text{で}\\\text{展}\\\text{開}}}{}\begin{vmatrix} a_{11} & a_{12} & a_{13} \\ a_{21} & a_{22} & a_{23} \\ a_{31} & a_{32} & a_{33} \end{vmatrix} = a_{21}(-1)^{2+1}\begin{vmatrix} a_{12} & a_{13} \\ a_{32} & a_{33} \end{vmatrix} + \boxed{} + \boxed{}$$

　次は a_{22} にいく。これは2行2列だから(-1)の$2+2$乗と、a_{22} を含む行と列を除いた部分の行列式をかけたものをさらに足してあげる。

$$\underset{\substack{\text{第}\\2\\\text{行}\\\text{で}\\\text{展}\\\text{開}}}{}\begin{vmatrix} a_{11} & a_{12} & a_{13} \\ a_{21} & a_{22} & a_{23} \\ a_{31} & a_{32} & a_{33} \end{vmatrix} = a_{21}(-1)^{2+1}\begin{vmatrix} a_{12} & a_{13} \\ a_{32} & a_{33} \end{vmatrix} + a_{22}(-1)^{2+2}\begin{vmatrix} a_{11} & a_{13} \\ a_{31} & a_{33} \end{vmatrix} + \boxed{}$$

　その後、a_{23} で同じことをして、2×2 行列式の計算をすればいいね。

$$\underset{\substack{\text{第}\\2\\\text{行}\\\text{で}\\\text{展}\\\text{開}}}{}\begin{vmatrix} a_{11} & a_{12} & a_{13} \\ a_{21} & a_{22} & a_{23} \\ a_{31} & a_{32} & a_{33} \end{vmatrix}$$

$$= a_{21}(-1)^{2+1}\begin{vmatrix} a_{12} & a_{13} \\ a_{32} & a_{33} \end{vmatrix} + a_{22}(-1)^{2+2}\begin{vmatrix} a_{11} & a_{13} \\ a_{31} & a_{33} \end{vmatrix} + a_{23}(-1)^{2+3}\begin{vmatrix} a_{11} & a_{12} \\ a_{31} & a_{32} \end{vmatrix}$$

$$= -a_{21}(a_{12}a_{33} - a_{13}a_{32}) + a_{22}(a_{11}a_{33} - a_{13}a_{33}) - a_{23}(a_{11}a_{32} - a_{12}a_{31})$$

$$= a_{11}a_{22}a_{33} + a_{21}a_{32}a_{13} + a_{31}a_{23}a_{12} - a_{13}a_{22}a_{31} - a_{12}a_{21}a_{33} - a_{11}a_{32}a_{23}$$

　もちろんかけ算の順番や足し算の順番が変わってることはあるけど、この結果が最初に復習として書いたものと一致していること、さらにこの前にやった第1列で展開した結果とも一致することを確認して下さい。

精神衛生上、1回くらいは「確かに同じになってるな」ってことを実感して安心感をもってほしい。最初のこういう微々たる努力を怠ると苦手になっていってしまうからね。

1-3 一般の余因子展開

　ここまでは第1列と第2行でしかやってないけども、どこの列で展開して
も、またどこの行で展開しても、想像通り同じ結果になるんだね。最後に、
n 次正方行列も含む形で余因子展開を一般的にまとめましょう。

> **▶Ⅱ　余因子展開**
>
> 行列式 A の i 行と j 列を取り除いた小行列を M_{ij} と表すとき、
> A の行列式は、
> ① $|A| = a_{1j}(-1)^{1+j}|M_{1j}| + a_{2j}(-1)^{2+j}|M_{2j}| + \cdots + a_{nj}(-1)^{n+j}|M_{nj}|$
> ② $|A| = a_{i1}(-1)^{i+1}|M_{i1}| + a_{i2}(-1)^{i+2}|M_{i2}| + \cdots + a_{in}(-1)^{i+n}|M_{in}|$

　ここで、$n \times n$ 行列 A から i 行 j 列を取り除いて貼り合わせて作った行列

$$M_{ij} = \begin{pmatrix} \qquad \end{pmatrix}$$

の行列式 $|M_{ij}|$ が小行列式ってやつね。記号をこう決めたとき、A の行列式
はこういうふうに計算できますよって言ってるのが、余因子展開の一般化の
話になります。

　詳しく見ていこう。まず①は何をやっているのかわかる？　最初はよくわ
からないと思うけど、j の部分に注目して下さい。j というのはどこかの列
だから、1つの列（第 j 列）を固定してるということなんだ。

$$|A| = a_{1j}(-1)^{1+j}|M_{1j}| + a_{2j}(-1)^{2+j}|M_{2j}| + \cdots + a_{nj}(-1)^{n+j}|M_{nj}|$$

　じつは、この式は**第 j 列についての**余因子展開をしてます。
$n = 3$ の場合を考えたらわかりやすいかな。
この場合、…がなくて3つの項の足し算になるね。

$$|A| = a_{1j}(-1)^{1+j}|M_{1j}| + a_{2j}(-1)^{2+j}|M_{2j}| + a_{3j}(-1)^{3+j}|M_{3j}|$$

1-2で扱った3×3行列の第1列での展開は、ちょうどこの式で$j=1$としたものと全く同じになります。

$$a_{11}(-1)^{1+1}\underbrace{\begin{vmatrix}a_{22} & a_{23}\\a_{32} & a_{33}\end{vmatrix}}_{|M_{11}|}+a_{21}(-1)^{2+1}\underbrace{\begin{vmatrix}a_{12} & a_{13}\\a_{32} & a_{33}\end{vmatrix}}_{|M_{21}|}+a_{31}(-1)^{3+1}\underbrace{\begin{vmatrix}a_{12} & a_{13}\\a_{22} & a_{23}\end{vmatrix}}_{|M_{31}|}$$

と同じものだということを確かめておこう

　行列式は①でも計算できるし、下の②式でも計算できるんだ。では②式についても見ていこう。今度は、iの部分がずっと固定されているので、わかりやすいように赤で色をつけておきます。

$$|A|=a_{i1}(-1)^{i+1}|M_{i1}|+a_{i2}(-1)^{i+2}|M_{i2}|+\cdots+a_{in}(-1)^{i+n}|M_{in}|$$

$$i行\ \left|\ a_{i1}\ a_{i2}\ \cdots\ a_{in}\right.$$

　これは、**第i行についての余因子展開**になってるね。

　1-2の3×3行列の第2行についての展開は、②式のiの部分を2、nを3にした場合なんだけれど、nがもっと大きくても同じことね。これが一般的な余因子展開のお話。

> ここまで一生懸命、一般的な場合の理解に努めたけど、実際に計算問題を扱ってみないと余因子展開の感覚はなかなかつかめないと思う。次に演習問題をやっていくことにしよう。

2.　演習問題

2-1　3×3行列の場合
　じゃ、演習にうつりましょう。1つめの問題がこれ。

---

example 1　　**次の行列式の値を求めよう。**

$$\begin{vmatrix}1 & 0 & 2\\-1 & -1 & 1\\2 & 1 & 2\end{vmatrix}$$

　余因子展開はどの行、列でしてもいいわけなんだけど、注目してほしいのが**0という成分**。なぜなら、0が含まれる行とか列を選ぶと計算が楽になるからなんだ。

　例えば3×3の余因子展開だったら3つの項が出てくるけど、3つの項のどれもが成分をかけ算してるよね。そうすると、0になる成分があればそこは0をかけることになって項が消えてしまうから、随分と計算が楽なわけ。なので、余因子展開するなら0が入っている行か列を選んでするのがGoodということね。

　ということで、0は1行と2列に含まれているから、今回は第1行で余因子展開してみましょう。最初なので丁寧にやるね。

　はじめに(1,1)成分の1を書く。この1は1行1列だから(-1)の$1+1$乗をかける。さらにこれに小行列式をかけてあげるんだけど、<u>小行列式</u>というのは、1の入った行と列を除いた部分の行列式だから、こうなるね。

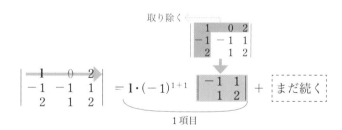

　次にいこう。2番めの項は、始めに(1, 2)成分の0を書くんだけど、もうこれは計算するまでもないよね。$0 \cdot (-1)^{1+2} \cdot$(小行列式)で、どうせ0になるんだから0って書いておけばいいでしょう。

$$\begin{vmatrix} 1 & 0 & 2 \\ -1 & -1 & 1 \\ 2 & 1 & 2 \end{vmatrix} = 1 \cdot (-1)^{1+1} \begin{vmatrix} -1 & 1 \\ 1 & 2 \end{vmatrix} + \underset{2\text{項目}}{0} + \boxed{\text{まだ続く}}$$

最後に第 3 項目。$(1,3)$ 成分の 2 を抜き出し、これは 1 行 3 列だから (-1) の $1+3$ 乗と小行列式をかけてあげる。この小行列式は、2 の入った部分の行と列を除くから、続けて書くと次のようになります。

$$\begin{vmatrix} 1 & 0 & 2 \\ -1 & -1 & 1 \\ 2 & 1 & 2 \end{vmatrix} = 1\cdot(-1)^{1+1}\begin{vmatrix} -1 & 1 \\ 1 & 2 \end{vmatrix} + 0 + \underbrace{2\cdot(-1)^{1+3}\begin{vmatrix} -1 & -1 \\ 2 & 1 \end{vmatrix}}_{3項目}$$

これを計算すると、

$$= (-2-1) + 2(-1+2) = -3+2 = -1$$

こんなふうに、0 が入っている行とか列を選ぶと楽になるということが実感できたと思います。もちろん、第 2 列でやっても同じくらい楽になるよ。じゃ、次の例題いきましょう。

---

example 2　次の行列式の値を求めよう。

$$\begin{vmatrix} 1 & 4 & 7 \\ 2 & 5 & 8 \\ 3 & 6 & 9 \end{vmatrix}$$

この行列はどこにも 0 がないから、どこで余因子展開してもいいんだけど、今度は列で展開してみましょう。

第 1 列についての余因子展開はこんなふうになります。

$$\begin{vmatrix} 1 & 4 & 7 \\ 2 & 5 & 8 \\ 3 & 6 & 9 \end{vmatrix} = 1\cdot(-1)^{1+1}\begin{vmatrix} 5 & 8 \\ 6 & 9 \end{vmatrix} + 2\cdot(-1)^{2+1}\begin{vmatrix} 4 & 7 \\ 6 & 9 \end{vmatrix} + 3\cdot(-1)^{3+1}\begin{vmatrix} 4 & 7 \\ 5 & 8 \end{vmatrix}$$

$$= (45-48) - 2(36-42) + 3(32-35)$$

$$= -3 + 12 - 9 = 0$$

もちろん、第 1 列以外のどこの行、列を選んで余因子展開しても同じ結果になるからね。練習問題として、好きな行か列で余因子展開してみて、実際に 0 になるかどうかチェックしてみるといいね。

　3×3の行列式の計算方法はわかったかな。余因子展開すると、結局2×2の行列式の計算に帰着されるということなんだね。

計算が楽だよね！

2-2　4×4行列の場合

　最後に、3×3より大きい4×4の行列式の計算をしてみましょう。

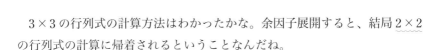

大変だからやりたくないけどね✎

example 3　次の行列式の値を求めよう。

$$\begin{vmatrix} -2 & 1 & 0 & 2 \\ 1 & 0 & -1 & 2 \\ -4 & 2 & 3 & 1 \\ 2 & 0 & 1 & -1 \end{vmatrix}$$

これ、どこの行、どこの列で展開するかで計算量が全く変わってくるんだ。さて、どこがいい？

　example 1 で説明したように、0に注目してあげて、これをなるべく含むような行や列を選んだほうがいい。そうすると、第2列を選ぶとかなり楽になりそうだね。じゃ、これを踏まえて余因子展開していきましょう。

　まず1を書いて、これは1行2列だから、−1の1＋2乗をかける。そして4×4行列の小行列式は、1の入ってる1行と2列を除くからサイズが3×3になるね。だから余因子展開の第1項は次のようになる。

取り除く

$$\begin{vmatrix} -2 & \mathbf{1} & 0 & 2 \\ 1 & 0 & -1 & 2 \\ -4 & 2 & 3 & 1 \\ 2 & 0 & 1 & -1 \end{vmatrix}$$

$$\begin{vmatrix} -2 & \mathbf{1} & 0 & 2 \\ 1 & 0 & -1 & 2 \\ -4 & 2 & 3 & 1 \\ 2 & 0 & 1 & -1 \end{vmatrix} = \mathbf{1} \cdot (-1)^{1+2} \begin{vmatrix} 1 & -1 & 2 \\ -4 & 3 & 1 \\ 2 & 1 & -1 \end{vmatrix} + \boxed{\text{まだ続く}}$$

続けるよ。2項目は0をかけることになるからもう＋0って書いておくね。その次の3項目は、まず成分2を書く。そしてこの2は3行2列にあるから－1の3＋2乗、小行列式は、2の入っている行と列を除いた行列式だからこれらをかけ合わせるとこんなふうになる。

$$
\begin{vmatrix} -2 & 1 & 0 & 2 \\ 1 & 0 & -1 & 2 \\ -4 & 2 & 3 & 1 \\ 2 & 0 & 1 & -1 \end{vmatrix}
$$

取り除く
$$
\begin{vmatrix} -2 & 1 & 0 & 2 \\ 1 & 0 & -1 & 2 \\ -4 & 2 & 3 & 1 \\ 2 & 0 & 1 & -1 \end{vmatrix}
$$

$$
= 1 \cdot (-1)^{1+2} \begin{vmatrix} 1 & -1 & 2 \\ -4 & 3 & 1 \\ 2 & 1 & -1 \end{vmatrix} + 0 + 2 \cdot (-1)^{3+2} \begin{vmatrix} -2 & 0 & 2 \\ 1 & -1 & 2 \\ 2 & 1 & -1 \end{vmatrix} + \boxed{第4項}
$$

そして最後の4項目は0が先頭にくるから＋0になります。

さて、これをさらに計算していくんだけど、この時点で3×3の行列式が残る。でも3×3くらいなら、余因子展開を使っても、またサラスの方法を使ってもそんなに計算スピードは変わらない。だからここではサラスの方法でやってみることにしようか。

$$
= 1 \cdot (-1)^{1+2} \begin{vmatrix} 1 & -1 & 2 \\ -4 & 3 & 1 \\ 2 & 1 & -1 \end{vmatrix} + 0 + 2 \cdot (-1)^{3+2} \begin{vmatrix} -2 & 0 & 2 \\ 1 & -1 & 2 \\ 2 & 1 & -1 \end{vmatrix} + 0
$$

$$
= -(-3 - 8 - 2 - 12 + 4 - 1) - 2(-2 + 2 + 0 + 4 + 0 + 4)
$$

$$
= 22 - 16
$$

$$
= 6
$$

　ここまで見てきたように、実際、どんなに大きなサイズの行列式でも余因子展開で計算できるわけだ。

　5×5だったら余因子展開を1回すれば4×4の行列式の計算になって、4×4の行列式は **example 3** でやったようにすればいい。つまり、もう1回余因子展開して3×3の行列式の計算に持ち込んでから、サラスの方法で計算すればいい。（余因子展開をもう1回やって2×2行列の計算に帰着することもできる。）いいでしょうか。

　実際にテストとかに出てくる行列式はもっとサイズが大きかったりするんだけど、その場合にはそのまま余因子展開をやっていくよりもじつは上手い方法があるんだ。

　この連続講義は、そういう計算テクを追求するのは目的じゃないから扱わないけど、テスト勉強で必要になったときは、テスト対策講座Ⅱ「行列式の求め方」を参考にしてね。

第8講でやった**行列式の性質**のフル活用をしてから余因子展開することによって、時間短縮できる！っていう話だよ。

行列式：余因子展開

定義

$$\begin{vmatrix} a_{11} & a_{12} & a_{13} \\ a_{21} & a_{22} & a_{23} \\ a_{31} & a_{32} & a_{33} \end{vmatrix} = a_{11}a_{22}a_{33} + a_{21}a_{32}a_{13} + a_{31}a_{23}a_{12}$$
$$- a_{13}a_{22}a_{31} - a_{12}a_{21}a_{33} - a_{11}a_{32}a_{23}$$

★余因子展開

第1行で展開

$$\begin{vmatrix} a_{11} & a_{12} & a_{13} \\ a_{21} & a_{22} & a_{23} \\ a_{31} & a_{32} & a_{33} \end{vmatrix}$$

小行列式

$$= a_{11}(-1)^{1+1}\begin{vmatrix} a_{22} & a_{23} \\ a_{32} & a_{33} \end{vmatrix} + a_{21}(-1)^{2+1}\begin{vmatrix} a_{12} & a_{13} \\ a_{32} & a_{33} \end{vmatrix} + a_{31}(-1)^{3+1}\begin{vmatrix} a_{12} & a_{13} \\ a_{22} & a_{23} \end{vmatrix}$$

a_{11} の余因子　　　　a_{21} の余因子　　　　a_{31} の余因子

$$= a_{11}(a_{22}a_{33} - a_{23}a_{32}) - a_{21}(a_{12}a_{33} - a_{13}a_{32}) + a_{31}(a_{12}a_{23} - a_{13}a_{22})$$
$$= a_{11}a_{22}a_{33} + a_{21}a_{32}a_{13} + a_{31}a_{23}a_{12} - a_{13}a_{22}a_{31} - a_{12}a_{21}a_{33} - a_{11}a_{32}a_{23}$$

第2行で展開

$$\begin{vmatrix} a_{11} & a_{12} & a_{13} \\ a_{21} & a_{22} & a_{23} \\ a_{31} & a_{32} & a_{33} \end{vmatrix}$$

$$= a_{21}(-1)^{2+1}\begin{vmatrix} a_{12} & a_{13} \\ a_{32} & a_{33} \end{vmatrix} + a_{22}(-1)^{2+2}\begin{vmatrix} a_{11} & a_{13} \\ a_{31} & a_{33} \end{vmatrix} + a_{23}(-1)^{2+3}\begin{vmatrix} a_{11} & a_{12} \\ a_{31} & a_{32} \end{vmatrix}$$

$$= -a_{21}(a_{12}a_{33} - a_{13}a_{32}) + a_{22}(a_{11}a_{33} - a_{13}a_{33}) - a_{23}(a_{11}a_{32} - a_{12}a_{31})$$
$$= a_{11}a_{22}a_{33} + a_{21}a_{32}a_{13} + a_{31}a_{23}a_{12} - a_{13}a_{22}a_{31} - a_{12}a_{21}a_{33} - a_{11}a_{32}a_{23}$$

余因子展開

行列式 $\overset{n\times n}{A}$ の i 行と j 列を取り除いた小行列を M_{ij} と表すとき A の行列式は、

① $|A|=a_{1j}(-1)^{1+j}|M_{1j}|+a_{2j}(-1)^{2+j}|M_{2j}|+\cdots+a_{nj}(-1)^{n+j}|M_{nj}|$

（第 j 列についての）余因子展開

② $|A|=a_{i1}(-1)^{i+1}|M_{i1}|+a_{i2}(-1)^{i+2}|M_{i2}|+\cdots+a_{in}(-1)^{i+n}|M_{in}|$

（第 i 行についての）余因子展開

ex.1

$$\begin{vmatrix} 1 & \oplus & 2 \\ -1 & -1 & 1 \\ 2 & 1 & 2 \end{vmatrix} = 1\cdot(-1)^{1+1}\begin{vmatrix} -1 & 1 \\ 1 & 2 \end{vmatrix}+0+2\cdot(-1)^{1+3}\begin{vmatrix} -1 & -1 \\ 2 & 1 \end{vmatrix}$$

$$= (-2-1)+2(-1+2)=-3+2=-1$$

ex.2

$$\begin{vmatrix} 1 & 4 & 7 \\ 2 & 5 & 8 \\ 3 & 6 & 9 \end{vmatrix} = 1\cdot(-1)^{1+1}\begin{vmatrix} 5 & 8 \\ 6 & 9 \end{vmatrix}+2\cdot(-1)^{2+1}\begin{vmatrix} 4 & 7 \\ 6 & 9 \end{vmatrix}+3\cdot(-1)^{3+1}\begin{vmatrix} 4 & 7 \\ 5 & 8 \end{vmatrix}$$

$$= (45-48)-2(36-42)+3(32-35)=-3+12-9=0$$

ex.3

$$\begin{vmatrix} -2 & 1 & 0 & 2 \\ 1 & 0 & -1 & 2 \\ -4 & 2 & 3 & 1 \\ 2 & 0 & 1 & -1 \end{vmatrix}$$

$$= 1\cdot(-1)^{1+2}\begin{vmatrix} 1 & -1 & 2 \\ -4 & 3 & 1 \\ 2 & 1 & -1 \end{vmatrix}+0+2\cdot(-1)^{3+2}\begin{vmatrix} -2 & 0 & 2 \\ 1 & -1 & 2 \\ 2 & 1 & -1 \end{vmatrix}+0$$

$$= -(-3-8-2-12+4-1)-2(-2+2+0+4+0+4)$$

$$= 22-16=6$$

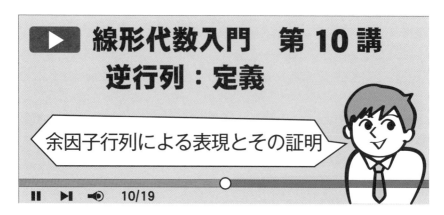

今回は逆行列というものの定義やモチベーションを扱っていきたいと思います。

1. 単位行列

1-1 単位行列の定義

この講義のテーマである逆行列の説明をする前に、単位行列というものの話からしないといけない。この単位行列を表すには、普通は E という記号を使うので、この授業でも同じ記号を使わせてください。

さて、単位行列 E っていうのはどういうものかというと、こんな形をしている行列。

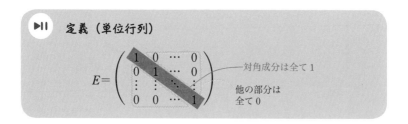

定義（単位行列）

$$E = \begin{pmatrix} 1 & 0 & \cdots & 0 \\ 0 & 1 & \cdots & 0 \\ \vdots & \vdots & \ddots & \vdots \\ 0 & 0 & \cdots & 1 \end{pmatrix}$$

対角成分は全て 1

他の部分は全て 0

1-2 単位行列の性質

それでは、単位行列にはどのような性質があるかを見ていきましょう。

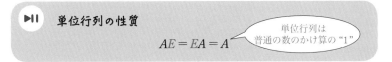

▶❙❙ 単位行列の性質

$$AE = EA = A$$

単位行列は
普通の数のかけ算の"1"

何でもよいから適当な正方行列 A をもってきて、E とかけ算をする。そうすると、どんな行列 A に対しても、E を右からかけた場合も左からかけた場合も、その結果は A になってしまうと。

これ、どういうことを言っているのかわかりますか？

E は行列 A に対して右からかけても左からかけても何の影響も及ぼさないって言ってるんだね。そういうものって、普通の数なら1に相当する。例えば、6に1をかけると6になるし、1に6をかけてももちろん6になる…っていうふうに、1というのはどうかけ算しても何の効果も及ぼさないものなんだね。行列の世界では、それが E だというわけです。つまり

単位行列は普通の数のかけ算の"1"

の役割を果たしてるということ。

逆に「$AE = EA = A$ という式をみたす行列ってどんな形をしているんだろう？」という問題を考えたとき、それは E の形になることが証明できるんだけども、この授業では単位行列 E は 1-1 のように定義されて、性質として 1-2 があると考えて下さい。

●**具体例** 単位行列について一通り説明したんだけども、具体的に単位行列の形を書いて計算したほうが理解が深まると思う。

まずは、2×2と3×3の単位行列を書いてみましょう。

$$\begin{pmatrix} 1 & 0 \\ 0 & 1 \end{pmatrix}, \quad \begin{pmatrix} 1 & 0 & 0 \\ 0 & 1 & 0 \\ 0 & 0 & 1 \end{pmatrix}$$

4×4とか5×5の場合も全く同様。こんなふうに、対角成分が1で他の成分が全て0となっている正方行列が単位行列 E で、その性質としてかけ算の1のような役割があるということを、具体的な計算でチェックしてみようか。

まずは 2×2 行列で、$EA = A$ がちゃんと成り立つかどうか確かめてみよう。

次の行列の計算をせよ。

$$\begin{pmatrix} 1 & 0 \\ 0 & 1 \end{pmatrix} \begin{pmatrix} 1 & 9 \\ 9 & 3 \end{pmatrix}$$

期待しているのは、これが $\begin{pmatrix} 1 & 9 \\ 9 & 3 \end{pmatrix}$ になるっていうことだよね。行列のかけ算を覚えていればいけるはず！

$$\begin{pmatrix} 1 & 0 \\ 0 & 1 \end{pmatrix} \begin{pmatrix} 1 & 9 \\ 9 & 3 \end{pmatrix} = \begin{pmatrix} 1 \times 1 + 0 \times 9 & 1 \times 9 + 0 \times 3 \\ 0 \times 1 + 1 \times 9 & 0 \times 9 + 1 \times 3 \end{pmatrix} = \begin{pmatrix} 1 & 9 \\ 9 & 3 \end{pmatrix}$$

確かに、単位行列を左からかけても結果は変わらないね。

実際に 3×3 でも同じように試してみると、単位行列をどんな行列にどんなふうにかけてもかけても結果が変わらないのはなぜかっていう事情が、計算していくうちに肌で納得というか、手で納得できると思います。

次の計算をせよ。

$$\begin{pmatrix} 1 & 2 & 3 \\ 4 & 5 & 6 \\ 7 & 8 & 9 \end{pmatrix} \begin{pmatrix} 1 & 0 & 0 \\ 0 & 1 & 0 \\ 0 & 0 & 1 \end{pmatrix}$$

行列のかけ算をすればいい。

$$= \begin{pmatrix} 1 \times 1 + 2 \times 0 + 3 \times 0 & 1 \times 0 + 2 \times 1 + 3 \times 0 & 1 \times 0 + 2 \times 0 + 3 \times 1 \\ 4 \times 1 + 5 \times 0 + 6 \times 0 & 4 \times 0 + 5 \times 1 + 6 \times 0 & 4 \times 0 + 5 \times 0 + 6 \times 1 \\ 7 \times 1 + 8 \times 0 + 9 \times 0 & 7 \times 0 + 8 \times 1 + 9 \times 0 & 7 \times 0 + 8 \times 0 + 9 \times 1 \end{pmatrix}$$

$$= \begin{pmatrix} 1 & 2 & 3 \\ 4 & 5 & 6 \\ 7 & 8 & 9 \end{pmatrix}$$

よく理解できない人は、もっと大きいサイズの行列を適当に1個準備して、同じサイズの単位行列をかけ算してみよう。そうして、自分の中で納得してください。

2. 逆行列

それではこの授業のテーマである逆行列の話に移りましょう。

2-1　モチベーション

逆行列というものを考えるモチベーションから話していきたいんだけども、そのために連立1次方程式を思い出しましょう。

●**連立方程式**　連立1次方程式の簡単なものといえば、例えばこういうの。

$$\begin{cases} x - y = 2 \\ 3x + 4y = -8 \end{cases}$$

この連立方程式を係数行列 $\begin{pmatrix} 1 & -1 \\ 3 & 4 \end{pmatrix}$ と右辺の値を並べた定数項ベクトル $\begin{pmatrix} 2 \\ -8 \end{pmatrix}$ を使って次のように書き直してみよう。

$$\begin{cases} x - y = 2 \\ 3x + 4y = -8 \end{cases} \quad \Longleftrightarrow \quad \begin{pmatrix} 1 & -1 \\ 3 & 4 \end{pmatrix} \begin{pmatrix} x \\ y \end{pmatrix} = \begin{pmatrix} 2 \\ -8 \end{pmatrix}$$

どうしてこう書けるかって？ 2×2 の行列と2次元の列ベクトルのかけ算をすると

$$\begin{pmatrix} 1 & -1 \\ 3 & 4 \end{pmatrix} \begin{pmatrix} x \\ y \end{pmatrix} = \begin{pmatrix} x - y \\ 3x + 4y \end{pmatrix}$$

というベクトルになる。これが右辺 $\begin{pmatrix} 2 \\ -8 \end{pmatrix}$ に等しいということは、成分同士がそれぞれ等しいということだから、$x - y = 2$、$3x + 4y = -8$ という2つの式が成り立つことになるね。つまり、はじめに書いた連立方程式と全く同じ意味です。

連立1次方程式は行列とベクトルを使うと簡潔にまとめることができる。係数行列を A、右側の定数項ベクトルを $\boldsymbol{b}$、そして未知数を並べたベクトルを $\boldsymbol{x}$ と表記すると、こんなふうに書けるんだ。

$$A\boldsymbol{x} = \boldsymbol{b} \qquad \cdots ①$$

　さっきは、2つの変数があって 2×2 行列で2次元の列ベクトルになる例を扱ったけども、もっとサイズが大きくても、一般に連立1次方程式はこの形で表すことができる。

●行列の割り算を考える

ところで、$A, \boldsymbol{x}, \boldsymbol{b}$ が**普通の数**だったら、$A\boldsymbol{x} = \boldsymbol{b}$ より $\boldsymbol{x} = \boldsymbol{b} \div A$ といった具合に $\boldsymbol{x}$ が求まるよね。$\boldsymbol{x}$ がベクトルの場合でも $\boldsymbol{x} = \begin{pmatrix} * \\ * \end{pmatrix}$ の形で書ければ、それが連立方程式の解になるんだけど、$\boldsymbol{x} = \boldsymbol{b} \div A$ と書くわけにはいかないんだよね。それは A が行列だからなんだ。

　「行列でベクトルを割る」という操作はできない。つまり、行列で割り算というものはないんだ。

　でも、$a\boldsymbol{x} = \boldsymbol{b}$ の両辺に a の逆数 a^{-1} をかけて $\boldsymbol{x} = a^{-1}\boldsymbol{b}$ と解が求まるように、$A\boldsymbol{x} = \boldsymbol{b}$ の両辺に

$$A^{-1}A = E \qquad \cdots ②$$

という性質をもつ行列 A の逆数のようなもの (A^{-1}) を両辺に左からかけてあげるとどうなるだろう？

$$\boxed{A^{-1}A}\boldsymbol{x} = A^{-1}\boldsymbol{b}$$

　そして、A^{-1} は性質②をもってるんだから、次のようになる。

$$\boxed{E}\boldsymbol{x} = A^{-1}\boldsymbol{b} \qquad \cdots ③$$

ここで E は単位行列だからベクトルにかけてもそのベクトルの形を変えない。

> ベクトルは行列の特別なものだからね！

なので、③式から E が消えて、

$$\boldsymbol{x} = A^{-1}\boldsymbol{b}$$

と書ける。これまでの話をまとめると、

$$Ax = b$$

$$\downarrow$$

$$x = A^{-1}b$$

もし $A^{-1}A = E$ となる
行列 A^{-1} が存在したら

ということ。じつは、ここで出てきた A^{-1} は $\overset{\text{エー}}{A}$ インバースって読むんだ。こういう行列 A^{-1} がもしあれば、それを b にかけることによって連立1次方程式が簡単に解けるよね。

●**普通の数と比べる**　この A^{-1} という行列はどんな効果があるかということを見てみよう。これ、**普通の数における逆数**の役割になってない？　単位行列 E が普通の数でいうと1の役割だったよね。

たとえば3があって、これに何をかけたら1になるかというと 3^{-1} つまり $\dfrac{1}{3}$ だよね。同じように6に対しては、6^{-1} つまり $\dfrac{1}{6}$ だね。こんなふうに、何かの数 a に対してかけ算して1にするものを a^{-1}（a の (-1) 乗）という書き方をする。行列もそれを真似して行列の (-1) 乗っていう表記をするんだ。

●**記号を扱う上の注意**　ここで重要な注意があります。行列の場合は (-1) 乗とは**呼びません**。上で説明したように、**インバース**って読むんだったね。A^{-1} はあくまで (-1) 乗とは 別物 です。

3^{-1} を $\dfrac{1}{3}$ という分数で書くように、行列を分母にもってきて $\dfrac{1}{A}$ とすることはできません。普通の数みたいに分数にせずに、必ず A^{-1} っていうインバースの表記で書いてください。

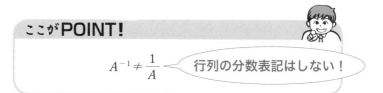

ここが**POINT!**

$$A^{-1} \neq \dfrac{1}{A}$$ 　行列の分数表記はしない！

ここまでの話をまとめよう。連立1次方程式は一般に

$$Ax = b$$

という形で書ける。もし、こういう行列 A に対して、かけ算して単位行列にすることができるような行列 A^{-1} があれば、左からそれをかけ算してあげると、答えが次のように簡潔に書けるってわけ。

$$x = A^{-1}b$$

こういったモチベーションで A^{-1} がどんなものなのかを調べていく。

勘のいい人は気付くかもしれないけど、普通の数の (-1) 乗をその逆数っていうのと同じで、（行列の (-1) 乗みたいな記号で書く）インバースっていうのを**逆行列**っていうんだね。

2-2 逆行列の定義

じゃ、逆行列の数学的な定義を見てから少し補足することにしよう。

> ▶❙❙ **定義（逆行列）**
>
> 正方行列 A に対して、
> $$AX = XA = E$$
> となる正方行列 X が存在するとき、A は正則であるという。そして、そのような X を A の逆行列と呼び、A^{-1} という記号で表す。

正方行列 A に対して、左右どちらからかけてもその結果が単位行列になるような正方行列 X が存在するとしたら、そういう行列 A は**正則**であるとい

存在しないこともあるけど、それは後で説明するね。

新しい用語！

います。そして、こういう X を A の**逆行列**という。

行列って、ふつうはかけ算の順序を交換すると結果が変わるので、どっちからかけても単位行列になるように定義してあげなければいけない。ここが、普通の数の逆数と違うところだから注意しよう。この定義は、そういう行列を逆行列と呼んで、A^{-1} という記号で表すということを言ってるんだね。

さて、こういうものが逆行列だということはわかった。次からは、何か行列が与えられたとき、その逆行列がどんなふうに書けるかということについて具体的な話をしていきましょう。

2-3 実際の形

n 次正方行列が正則であるとき、つまり逆行列をもつとき、その逆行列はこんなふうに書けますよっていうのがこれ。はい。

> ▶❚❚　n 次正方行列が正則であるとき、その逆行列 A^{-1} は
>
> $$A^{-1} = \frac{1}{|A|}\tilde{A}$$
>
> と表される。

上に乗ってるものをチルダっていいます。

$|A|$ は行列式。$\tilde{A}$ は見慣れない記号だと思うけど、これは**余因子行列**っていうものなんだ。これって、どこかで聞いたことがあるようで、実はないはず。だから、定義からしっかり説明するね。ただ、一気に説明してもわからないと思うので、とりあえず書いちゃいます。

> ▶❚❚　**定義（余因子行列）**
>
> $$\tilde{A} = \begin{pmatrix} \widetilde{a_{11}} & \widetilde{a_{12}} & \cdots & \widetilde{a_{1n}} \\ \widetilde{a_{21}} & \widetilde{a_{22}} & \cdots & \widetilde{a_{2n}} \\ \vdots & \vdots & \ddots & \vdots \\ \widetilde{a_{n1}} & \widetilde{a_{n2}} & \cdots & \widetilde{a_{nn}} \end{pmatrix}^{\mathrm{t}}$$

これ、成分 $a_{11}, a_{12}, \cdots, a_{1n}$ にチルダがない場合は普通の行列。余因子行列は、成分全てにチルダがついているだけじゃなくて、さらに転置記号の t が行列の右肩についてるね。

転置というのは、右下に向かう対角線を軸にして全ての成分をパタッてひっくり返すことだった。まず、対角成分はひっくり返るときの軸になる部分だから動かない。残りが全部ひっくり返るということは、各成分の行と列が入れ替わるということだね。だから、$\widetilde{a_{12}}$ だったところは $\widetilde{a_{21}}$ になって、$\widetilde{a_{21}}$ だったところは $\widetilde{a_{12}}$ になる。他も同じようにやれば、次のようになる。

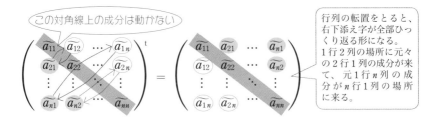

これが**余因子行列**というものの定義なんだけど、前回の授業でやった余因子は、まだ姿を現してないよね。

じつは、余因子行列の成分 $\widetilde{a_{11}}$、$\widetilde{a_{12}}$、…ってやつが余因子なんだ。つまり $\widetilde{a_{ij}}$ は A の a_{ij} の**余因子**だから、M_{ij} を小行列としてこんなふうに書ける。

$$\widetilde{a_{ij}} = (-1)^{i+j} \left| M_{ij} \right|$$

記号に慣れてもらうために 3 行 3 列でちょっと復習してみましょうか。

$$A = \begin{pmatrix} a_{11} & a_{12} & a_{13} \\ a_{21} & a_{22} & a_{23} \\ a_{31} & a_{32} & a_{33} \end{pmatrix}$$

に対して、小行列 M_{11} というのは 1 行 1 列部分を除いた 2×2 行列だったね。

$$\begin{pmatrix} a_{11} & a_{12} & a_{13} \\ a_{21} & a_{22} & a_{23} \\ a_{31} & a_{32} & a_{33} \end{pmatrix} \quad M_{11}$$

小行列 M_{ij} は i 行 j 列を除いた部分を貼り合わせて作った行列で、この行列式を使って余因子展開するんだったよね。余因子展開というのは、行列式を計算するときにやる操作で、例えば 1 行を選んだときは、1 行の 1 つ 1 つの成分 a_{11}, a_{12}, a_{13} に注目して、こんなふうに書けた。

$$|A| = a_{11}(-1)^{1+1}\begin{vmatrix} a_{22} & a_{23} \\ a_{32} & a_{33} \end{vmatrix} + a_{12}(-1)^{1+2}\begin{vmatrix} a_{21} & a_{23} \\ a_{31} & a_{33} \end{vmatrix} + a_{13}(-1)^{1+3}\begin{vmatrix} a_{21} & a_{22} \\ a_{31} & a_{32} \end{vmatrix}$$

a_{11} に注目したときの $\widetilde{a_{11}}$ 　a_{12} に注目したときの $\widetilde{a_{12}}$ 　a_{13} に注目したときの $\widetilde{a_{13}}$

小行列式と (-1) の何乗という部分までセットにしたものが余因子だったね。

これを余因子の記号 $\widetilde{a_{11}}, \widetilde{a_{12}}, \widetilde{a_{13}}$ を使って書いたらこうなる。

$$|A| = a_{11}\widetilde{a_{11}} + a_{12}\widetilde{a_{12}} + a_{13}\widetilde{a_{13}}$$

つまり、一般にこの $\widetilde{a_{ij}}$ を使って $n \times n$ 行列 $|A|$ の第 i 行における余因子展開はこんなふうに書けるってことだね。

余因子 $(-1)^{i+j}|M_{ij}|$ をまとめて $\widetilde{a_{ij}}$ って書くと式が簡潔。

$$|A| = a_{i1}\widetilde{a_{i1}} + a_{i2}\widetilde{a_{i2}} + \cdots + a_{in}\widetilde{a_{in}}$$

くどいようだけど、もう1回言うね。余因子行列というのは、各行各列の余因子を成分にもつ行列で、さらにその転置をとったものということ。

ここまで、こんなことをすれば逆行列になります！って無理やり押しつけてきたんだけど、次の節では、行列 A にこういうものをかけたら、本当に単位行列に戻るのか？　つまり、今見てきた行列 A^{-1} がしっかり逆行列になっているか？　っていうことを、確認してみましょう。

3. $AA^{-1} = E$ の確認

この節では、右側から A^{-1} をかけたときにしっかり単位行列になるかどうか、つまり

$$AA^{-1} = E$$

が成り立つかどうかを確認しましょう。

3-1 　具体的に成分を書いてみる

まず、A^{-1} を余因子行列を使って書き換える。

スカラー

$$AA^{-1} = A \frac{1}{|A|} \widetilde{A} = \frac{1}{|A|} A\widetilde{A}$$

行列式は普通の数(スカラー)だということに注意。スカラーは任意の行列と可換。

計算を続けるよ。いま、$\dfrac{1}{|A|}$ を外に出して、行列 A は i 行目だけ、$\tilde{A}$ は j 列目だけをしっかり書いてみようか。

$$\frac{1}{|A|} A\tilde{A} = \frac{1}{|A|} \overset{\text{第 } i \text{ 行}}{\begin{pmatrix} a_{11} & a_{12} & \cdots & a_{1n} \\ \vdots & & & \vdots \\ a_{i1} & a_{i2} & \cdots & a_{in} \\ \vdots & & & \vdots \\ a_{n1} & a_{n2} & \cdots & a_{nn} \end{pmatrix}} \overset{\text{第 } j \text{ 列}}{\begin{pmatrix} \widetilde{a_{11}} & \cdots & \widetilde{a_{j1}} & \cdots & \widetilde{a_{n1}} \\ \widetilde{a_{12}} & \cdots & \widetilde{a_{j2}} & \cdots & \widetilde{a_{n2}} \\ \vdots & & \vdots & & \vdots \\ \widetilde{a_{1n}} & \cdots & \widetilde{a_{jn}} & \cdots & \widetilde{a_{nn}} \end{pmatrix}}$$

普通 j 列は添え字の左側だけ変わっていくんだけど、転置を取ってるから $j1, j2, \cdots$ と変わっていく。

今から何をするのかというと、強調して書いた第 j 列に注目して行列 A と行列 $\tilde{A}$ の積を取る。行列の積の定義を思い出すと、i 行目と j 列目の積の和ができあがる行列の (i, j) 成分だったよね。だから、赤字で書いた部分の積の和って、計算後の新しい行列の (i, j) 成分になる。

こんなふうにして、一般に i 行と j 列でその成分がどうなっているかを調べていけばいいんだけど、式を見やすくするために、できあがる行列 $A\tilde{A}$ の (i, j) 成分を $(A\tilde{A})_{ij}$ という記号で表す。

例えば行列 A の $(1, 1)$ 成分 $(A)_{11}$ は a_{11} ということ。行列じゃなく、ただの数だということに注意しよう。

これをいまから調べていくね。そのときに対角線上とそうでない場合で事情が変わってくるので、場合分けしようか。

● **$i = j$ のとき（対角線上の部分）**　$i = j$ の場合を計算するというのは、つまり $(A\tilde{A})_{ii}$ の計算をするということ。$a_{i1}\widetilde{a_{j1}} = a_{i1}\widetilde{a_{i1}}$、2 項目も同じように本当は a_{i2} と $\widetilde{a_{j2}}$ をかけ算するんだけど、$a_{i2}\widetilde{a_{j2}} = a_{i2}\widetilde{a_{i2}}$、$\cdots$ という要領で j を i におき換えていくと、

$$i = j \text{ のとき} \qquad (A\tilde{A})_{ii} = a_{i1}\widetilde{a_{i1}} + a_{i2}\widetilde{a_{i2}} + \cdots + a_{in}\widetilde{a_{in}}$$

じつはこれ、よく見ると… **2-3** でやった行列 A の行列式を第 i 行について余因子展開した式と全く同じ。っていうことは、これはじつは A の行列式の値と全く同じものなんだ。だから

$$i = j \text{ のとき } \quad (A\tilde{A})_{ii} = a_{i1}\widetilde{a_{i1}} + a_{i2}\widetilde{a_{i2}} + \cdots + a_{in}\widetilde{a_{in}} = |A|$$

$|A|$ の第 i 行の余因子展開

いいでしょうか。

● $i \neq j$ のとき（対角線上にない部分）

i と j が同じでないときはそんな簡単にはいかない。とりあえず A の i 行目と $\tilde{A}$ の j 列目の積の和をそのまま書いてあげると

$$i \neq j \text{ のとき } \quad (A\tilde{A})_{ij} = a_{i1}\widetilde{a_{j1}} + a_{i2}\widetilde{a_{j2}} + \cdots + a_{in}\widetilde{a_{jn}} \quad \cdots ①$$

これ、よく見ると**すごく惜しいんだよね。**

もし、a_{i1} とか a_{i2} の添え字の手前の i が全部 j だったら、$|A|$ の第 j 行についての余因子展開と全く同じになるのにね。

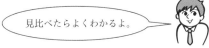

見比べたらよくわかるよ。

ちょっと嫌なのが、やはりこの i になってる部分なんだけど、じつは式①って、次の行列式を余因子展開したときに出てくるんだね。

$$\begin{vmatrix} a_{11} & a_{12} & \cdots & a_{1n} \\ \vdots & \vdots & & \vdots \\ a_{i1} & a_{i2} & \cdots & a_{in} \\ \vdots & \vdots & & \vdots \\ a_{n1} & a_{n2} & \cdots & a_{nn} \end{vmatrix}$$

ところがこの行列式にはちょっとした細工がしてあるんだ。何をしたかと言うと、この赤い部分はいかにも i 行目っぽく書いてるんだけど、実は行列 A の第 j 行の成分を勝手に i 行目と同じように書き換えてるのね。だからここは本当は第 j 行。

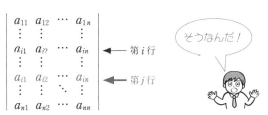

そうなんだ！

この行列は、行列 A の a_{j1}, a_{j2}, $\cdots$, a_{jn} って並ぶべきはずのところに、この添え字の j を全部 バンっ て i に変えて a_{i1}, a_{i2}, $\cdots$, a_{in} と書き換えちゃったやつだよね。だから、行列 A とはこの1行部分だけ違うんだ。

何でこんなことをしたのかって？

前のページで、①は j 行における余因子展開とほぼ同じなんだけど、a_{i1}, a_{i2}, $\cdots$, a_{in} の部分の添え字の先頭が i になっていることだけが 惜しい って言ったよね。それならば、逆に j 行目の成分を全部 i に書き換えたらいいんじゃないかっていう発想。

例えばこの細工した行列式を第 j 行について余因子展開すると、まずは a_{i1} が出てきて、そしてこの j 行と1列を除いたときの小行列は M_{j1} だから行列 A の小行列と同じだよね。第 j 行にある a_{i1} を取り除くと、結局、j 行目っていつも削られるからね。

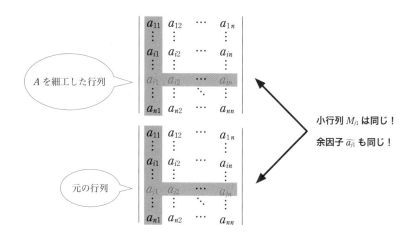

A を細工した行列

元の行列

小行列 M_{j1} は同じ！

余因子 $\widetilde{a}_{j1}$ も同じ！

a_{i2} も第 j 行の成分だから、これを取り除いたときにできる小行列 M_{j2} も、結局第 j 行は取り除かれるわけだから、第 j 行についての余因子展開で使う小行列は、元々の行列 A の形と同じ。だから、細工した部分は余因子には反映されなくて、元の行列の余因子展開と唯一違う点は、前に出す成分が a_{j1} でなくて a_{i1}、a_{j2} でなくて a_{i2} っていうふうに変わっていることなんだね。

> ①式自体は A の行列式と一致しないけども、第 j 行目の成分を $a_{j1}, a_{j2}, \cdots, a_{jn}$ から $a_{i1}, a_{i2}, \cdots, a_{in}$ に取り換えた行列の、第 j 行目における余因子展開の式と全く同じになる。難しいので何度も繰り返し言うけど理解できた？

●**同じ行を含む行列式の値は 0**　細工した行列の余因子展開をしたいんだけども、どうやって行列式を計算したらいいんだろうね。

　所詮、この行列は元の行列の第 j 行目を第 i 行目の成分に勝手に書き換えただけのものだった。そうすると、いま i と j は違うという前提だから、この行列のどこかに $a_{i1}, a_{i2}, \cdots, a_{in}$ と全く同じ成分をもつ行が必ずいるはず。

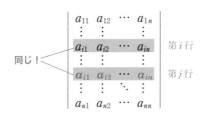

　注目すべきことは、行列式の中に全く同一の成分をもつ行が 2 つ以上存在している（今回は 2 つ）ということ。じつはこういう場合、行列式の値は 0 になるんだ。

　どうしてそうなるのか？　っていうことをいまから説明するね。ラフな証明のスケッチだけ見せるので納得してほしいと思います。

　まず、どこかの行が全く同じである行列式を書いてみる。そして、その同じである行を 2 つ入れ替えてみる。行列式の性質の 1 つである**交代性**っていうのを思い出してほしい。

> ※第 8 講参照
> 行を入れ替えると (-1) 倍される

これよく見てみると、行を入れ替えても同じものでしょ。だから、この行列式を左辺に寄せたらこうなる。

$$2 \left| \rule{3em}{0pt} \right| = 0$$

さらに両辺を2で割れば、今考えている行列式の値が0になることがわかるよね。これで証明終わり。文字で書くよりわかりやすかったかなと思います。

全く同じ理由で、列についても交代性があるわけだから、同じ列を含む行列式の値も0になる。第8講の行列式の授業で、行で成り立つ話は列でも成り立つということは証明済なので、納得してもらえると思う。

●**結論**　以上より、$i = j$ のときは $(A\tilde{A})_{ij}$ の値は $|A|$ になるし、$i \neq j$ のときには $(A\tilde{A})_{ij}$ の値は同じ行を含む行列式の値であるから0になるって言ってるんだね。結果をまとめて書くと、

$$(A\tilde{A})_{ij} = \begin{cases} |A| & (i = j) \\ 0 & (i \neq j) \end{cases}$$

このとき、行列 $A\tilde{A}$ はどんな行列になるか考えてみよう。

$i = j$ つまり行と列の場所が同じ成分のとき、それは1行1列、2行2列、というような対角成分で、この対角成分に行列式 $|A|$ が並んでいるということね。そして、$i \neq j$ のときは、対角成分以外の場所の成分が全て0ってことだね。そうすると AA^{-1} はこんなふうに書ける。

$$\frac{1}{|A|} A\tilde{A} = \frac{1}{|A|} \begin{pmatrix} |A| & 0 & \cdots & 0 \\ 0 & |A| & \cdots & \vdots \\ \vdots & \vdots & \ddots & \vdots \\ 0 & 0 & \cdots & |A| \end{pmatrix}$$

ここで、行列式で各成分を割りなさいって言ってるんだから、全ての成分を $|A|$ で割り算するとしっかり単位行列になります。

$$= \begin{pmatrix} 1 & 0 & \cdots & 0 \\ 0 & 1 & \cdots & \vdots \\ \vdots & \vdots & \ddots & \vdots \\ 0 & 0 & \cdots & 1 \end{pmatrix}$$

これで証明は終わりです。ここではやらないけれど、全く同じように証明出来るので $A^{-1}A = E$ となるケースについても各自で確かめてみて下さい。

ということで、**2-3** p.131 で バンっ て提示した A^{-1} の表式は、正しいということが確かめられたよね。

4. 正則とは何なのか

最後に、ここまで詳しく触れてこなかった、正則というものについて説明していきましょう。

行列 A が逆行列をもつときにその行列を**正則**って言う（☞**2-2** p.130 の逆行列の定義）んだったね。じゃ、行列 A はどういうときに正則なのか？という問題を考えていこうと思います。

4-1　正則の同値な言い換え
●**1つめの言い換え**　ここでは、n 次正方行列 A が正則であることの言い換え、つまり同値な表現を2つ紹介したいと思います。まず1つめは、

> ▶❙❙　***n* 次正方行列 *A* が正則**　$\Leftrightarrow$　$|A| \neq 0$

これって結構すんなり受け入れられるんじゃないかな。そもそも行列 A の逆行列って、次のように書けるんだったね。

$$A^{-1} = \frac{1}{|A|}\tilde{A}$$

つまり、分母の $|A|$ が 0 になったらこう書けないわけだから、逆行列は存在しないということ。だから、行列式が 0 でないときは逆行列が存在して、行列式が 0 のときは逆行列は存在しないということになります。

● **2 つめの言い換え**　2 つめは、行列 A の rank がその最大である n になっているということ。

> ▶❙❙　**n 次正方行列 A が正則**　⇔　$\mathrm{rank}(A) = n$

そもそも rank ってどこで出てきたのかというと、連立 1 次方程式の解の性質を調べるためだったよね。例えば、連立 1 次方程式を

$$Ax = b$$

と書くとしよう。このとき、A^{-1} があれば、

$$x = A^{-1}b$$

というふうに解が一意的に書けるっていう話をしたね。

そして連立 1 次方程式の解の性質（☞第 7 講**2-1**）のところで、

$$\mathrm{rank}(A) = n$$

のときに解が一意に定まるという話をしたでしょ。だから、

$$\boxed{\text{逆行列をもつ}} \Leftrightarrow \boxed{\text{解が一意}} \Leftrightarrow \boxed{\mathrm{rank}(A) = n}$$

っていうふうにしっかり繋がってるわけね。そうすると、正則であることと $\mathrm{rank}(A) = n$ が同値であることは自然に理解できるね。

以上、正則と同値な 2 つの言い換えを紹介したんだけど、じつは同値な表現はまだたくさんあって、勉強が進めばいろいろとわかってきます。この段階で押さえてほしいのはこの 2 つで、ここまでの授業の内容が追えていれば、この 2 つの言い換えはそんなに不思議なことではないって思えるはず。

> でも、まだ「うーん何だっけ？」ってなる人もたくさんいると思う。そういうときは、前の授業に戻ってみてね。

4-2 具体例で実感

最後に、一般の 2×2 行列の簡単な具体例を見て、逆行列ってどういうものか実感してもらいましょう。

example 3 次の行列の逆行列を求めよう。

$$A = \begin{pmatrix} a & b \\ c & d \end{pmatrix}$$

逆行列を求めるために必要なものを順を追って計算していきましょう。まず行列式。2×2 の場合は公式 $|A| = ad - bc$ で簡単に求められる。

次に余因子行列はどうなるか。成分を1つ1つ求めていこう。

転置をとる前の行列を考えなきゃいけないね。この行列の $(1, 1)$ 成分は、元の行列の $(1, 1)$ 成分を含む行と列、ここでは1行と1列を除く部分の小行列式

> 小行列は $\begin{pmatrix} a & b \\ c & d \end{pmatrix} = d$。1行1列の行列式はそのまんまの数だったから、$|d| = d$。これが小行列式。

に $(-1)^{1+1}$ をかけて求めた余因子だったね。だから、$(-1)^{1+1} \times d = d$ で、d だけ残る。

$$\tilde{A} = \begin{pmatrix} d & \\ & \end{pmatrix}^{\text{t}}$$

続いて $(1, 2)$ 成分は、1行と2列を除いた部分の小行列が c だからこの行列式も c、余因子はこれに $(-1)^{1+2}$ をかけて $(-1)^{1+2} \times c = -c$ ね。

$$\tilde{A} = \begin{pmatrix} d & -c \\ & \end{pmatrix}^{\text{t}}$$

$(2, 1)$ 成分も同様に、2行と1列を除いた小行列 b と $(-1)^{2+1}$ をかけて $-b$。最後の $(2, 2)$ 成分も全く同様にして、小行列式 a に $(-1)^{2+2}$ をかけて a。

こうして作った 2×2 行列の転置をとったものが $\tilde{A}$ だから、

$$\tilde{A} = \begin{pmatrix} d & -c \\ -b & a \end{pmatrix}^{\text{t}} = \begin{pmatrix} d & -b \\ -c & a \end{pmatrix}$$

よって、逆行列の公式　$A^{-1} = \dfrac{1}{|A|}\tilde{A}$　を使うと、$|A| = ad - bc$ が 0 でない場合はこれを分母にもってこられるから、

$$A^{-1} = \frac{1}{|A|}\tilde{A} = \frac{1}{ad-bc}\begin{pmatrix} d & -b \\ -c & a \end{pmatrix}$$

2×2 の場合、こんなふうに簡潔に書けるので、テストが近い人なんかは覚えてしまっても大丈夫。（もちろん $ad - bc = 0$ の場合は逆行列をもたない。）

●**大きなサイズの行列の場合**　2×2 の場合は逆行列は簡単に求められたけれども、じゃあ 3×3 の場合を一般に出しましょうって言われるとかなり大変なんだね。何で大変になるかっていうと、2×2 の場合は余因子を求めるときに 1 つしか成分が残らなかったけど、**3 × 3 行列になったら小行列自体が 2 × 2**になるわけね。だから、2×2 の行列式を 9 個の各成分でそれぞれ計算して余因子を求めなければいけないわけだ。

これ、大変じゃん。

2×2 の場合は、余因子って行列の成分の数だけあるから、4 個しか出てこなかったね。3×3 の場合は 9 個、つまり 9 回もそれを計算するわけだね。

 もう、イヤでしょ。　俺はイヤだよ！

だから、具体例として、3×3 行列の逆行列を求めてみましょうっていうことは、今回の授業ではやりません。なぜなら、逆行列の公式を使わなくて**ももっと簡単に逆行列を求める方法があるから！**

この式自体はシンプルで美しくていいんだけれど、実際に逆行列を求めるときには、あまり賢い方法ではないのね。だから、次回の授業では、実際に逆行列ってどうやったら簡単に求まるか？　っていうところに注目してみたいと思います。その内容が**掃き出し法**っていう方法なんだ。

なんかどこかで聞いたことあるな？　って思った人、なかなか記憶力がいいね！　ってことで、今回の授業はこれでおしまいにしましょう。

逆行列：定義

●単位行列と逆行列

★単位行列 E

$$E = \begin{pmatrix} 1 & 0 & \cdots & 0 \\ 0 & 1 & & 0 \\ \vdots & \vdots & \ddots & \vdots \\ 0 & 0 & & 1 \end{pmatrix}$$

対角成分は 1

他のは 0

性質　$AE = EA = A$

掛け算の 1 の役割

ex.

$$\begin{pmatrix} 1 & 0 \\ 0 & 1 \end{pmatrix}, \quad \begin{pmatrix} 1 & 0 & 0 \\ 0 & 1 & 0 \\ 0 & 0 & 1 \end{pmatrix}$$

Check!

$$\begin{pmatrix} 1 & 0 \\ 0 & 1 \end{pmatrix}\begin{pmatrix} 1 & 9 \\ 9 & 3 \end{pmatrix} = \begin{pmatrix} 1 & 9 \\ 9 & 3 \end{pmatrix}$$

★逆行列

連立 1 次方程式

$$\begin{cases} x - y = 2 \\ 3x + 4y = -8 \end{cases} \xrightarrow[\text{ベクトル}]{\text{行列}} \underbrace{\begin{pmatrix} 1 & -1 \\ 3 & 4 \end{pmatrix}}_{A} \underbrace{\begin{pmatrix} x \\ y \end{pmatrix}}_{x} = \underbrace{\begin{pmatrix} 2 \\ -8 \end{pmatrix}}_{b}$$

$Ax = b$

もし $A^{-1}A = E$ となる
行列 A^{-1} が存在したら

逆数の役割

$x = A^{-1}b$

簡単！

定義（逆行列）

正方行列 A に対して、
$$AX = XA = E$$
となる正方行列 X が存在するとき、A は正則であるといい、X を A の逆行列と呼ぶ。一般には A^{-1} という記号で表す。

エーインバース

n 次正方行列が正則であるとき、その逆行列 A^{-1} は

$$A^{-1} = \frac{1}{|A|} \tilde{A}$$
余因子行列

と表される。

ここで、$\widetilde{a_{ij}}$ は A の a_{ij} の**余因子**である

$$\widetilde{a_{ij}} = \underbrace{(-1)^{i+j} \overbrace{(M_{ij})}^{\text{小行列}}}_{\text{余因子}}$$

※余因子行列の定義

$$\tilde{A} = \begin{pmatrix} \widetilde{a_{11}} & \widetilde{a_{12}} & \cdots & \widetilde{a_{1n}} \\ \widetilde{a_{21}} & \widetilde{a_{22}} & \cdots & \widetilde{a_{2n}} \\ \vdots & \vdots & \ddots & \vdots \\ \widetilde{a_{n1}} & \widetilde{a_{n2}} & \cdots & \widetilde{a_{nn}} \end{pmatrix}^{t}$$

$$= \begin{pmatrix} \widetilde{a_{11}} & \widetilde{a_{21}} & \cdots & \widetilde{a_{n1}} \\ \widetilde{a_{12}} & \widetilde{a_{22}} & \cdots & \widetilde{a_{n2}} \\ \vdots & \vdots & \ddots & \vdots \\ \widetilde{a_{1n}} & \widetilde{a_{2n}} & \cdots & \widetilde{a_{nn}} \end{pmatrix}$$

復習

つまり、$\widetilde{a_{ij}}$ を用いると、$|A|$ の第 i 行における余因子展開は

$$|A| = a_{i1}\widetilde{a_{i1}} + a_{i2}\widetilde{a_{i2}} + \cdots + a_{in}\widetilde{a_{in}}$$

確認 $(AA^{-1} = E)$

第 j 列

$$\frac{1}{|A|} A\tilde{A} = \frac{1}{|A|} \begin{pmatrix} a_{11} & a_{12} & \cdots & a_{1n} \\ & \vdots & & \\ a_{i1} & a_{i2} & \cdots & a_{in} \\ & \vdots & & \\ a_{n1} & a_{n2} & \cdots & a_{nn} \end{pmatrix} \begin{pmatrix} \widetilde{a_{11}} & \cdots & \widetilde{a_{j1}} & \cdots & \widetilde{a_{n1}} \\ \widetilde{a_{12}} & \cdots & \widetilde{a_{j2}} & \cdots & \widetilde{a_{n2}} \\ \vdots & & \vdots & & \vdots \\ \widetilde{a_{1n}} & \cdots & \widetilde{a_{jn}} & \cdots & \widetilde{a_{nn}} \end{pmatrix}$$

第 i 行

$i = j$ のとき $\quad (A\tilde{A})_{ii} = \underbrace{a_{i1}\widetilde{a_{i1}} + a_{i2}\widetilde{a_{i2}} + \cdots + a_{in}\widetilde{a_{in}}}_{|A| \text{ の第 } i \text{ 行の余因子展開}} = |A|$

同じ！

$i \neq j$ のとき $\quad (A\tilde{A})_{ij} = a_{i1}\widetilde{a_{j1}} + a_{i2}\widetilde{a_{j2}} + \cdots + a_{in}\widetilde{a_{jn}} = \begin{vmatrix} a_{11} & a_{12} & \cdots & a_{1n} \\ \vdots & & & \\ a_{i1} & a_{i2} & \cdots & a_{in} \\ \vdots & & & \\ a_{i1} & a_{i2} & \cdots & a_{in} \\ \vdots & & \ddots & \\ a_{n1} & a_{n2} & \cdots & a_{nn} \end{vmatrix}$ 第 i 行 第 j 行

$$= 0$$

以上より、

$$(A\tilde{A})_{ij} = \begin{cases} |A| & (i=j) \\ 0 & (i \neq j) \end{cases}$$

$$\frac{1}{|A|}A\tilde{A} = \frac{1}{|A|}\begin{pmatrix} |A| & 0 & \cdots & 0 \\ 0 & |A| & \cdots & 0 \\ \vdots & \vdots & \ddots & \vdots \\ 0 & 0 & \cdots & |A| \end{pmatrix}$$

$$= \begin{pmatrix} 1 & 0 & \cdots & 0 \\ 0 & 1 & \cdots & 0 \\ \vdots & \vdots & \ddots & \vdots \\ 0 & 0 & \cdots & 1 \end{pmatrix}$$ ∎

※同じ行を含む行列式の
　値は0になる

【証明】

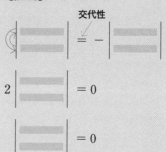

n 次正方行列 A が正則
$\Leftrightarrow \operatorname{rank}(A) = n$
$\Leftrightarrow |A| \neq 0$

ex.

$$A = \begin{pmatrix} a & b \\ c & d \end{pmatrix} \quad (ad - bc \neq 0)$$

$$|A| = ad - bc$$

$$\tilde{A} = \begin{pmatrix} d & -c \\ -b & a \end{pmatrix}^{\mathrm{t}} = \begin{pmatrix} d & -b \\ -c & a \end{pmatrix}$$

$$A^{-1} = \frac{1}{|A|}\tilde{A} = \frac{1}{ad - bc}\begin{pmatrix} d & -b \\ -c & a \end{pmatrix}$$

今回の授業では逆行列の求め方についてやっていきたいと思います。逆行列の求め方は、前回の講義で余因子行列を用いた説明をしたんだけど、あの方法は紙の上で自分の手を使って計算する方法としてはあまり適していない。ここでは実際に計算するときに便利な方法、掃き出し法を紹介します。

1. 掃き出し法

1-1　準備

まず、次の式を見て下さい。ここに書いたアルファベットは全て $n \times n$ の正方行列、とくに、E は単位行列です。

$$AX = E \qquad \cdots ①$$

これが求まればそれが A^{-1}

A に何かかけ算して単位行列になるようなものが A の逆行列だったね。①式は、その何かの行列が X だと言っているんだから、X を求めることができれば、これが A^{-1} ということになります。

ちなみに①では A に X を右側からかけ算した結果が単位行列になるということを言ってるんだけど、こういう行列は左側からかけても同じ結果になることが証明できる。だから、ここでは右側のときを考えていくね。

そのときの考え方として、第5講でやった掃き出し法が出てくるんだ。

●**行列をベクトルで表す**　①をみたすような行列Xを求める方法を考えるには、行列をベクトルで表すとわかりやすい。ここではそういった表記について準備をしましょう。

XとかEを、こんなふうにベクトルで表記することにする。

$$X = (\boldsymbol{x}_1, \boldsymbol{x}_2, \cdots, \boldsymbol{x}_n)$$
$$E = (\boldsymbol{e}_1, \boldsymbol{e}_2, \cdots, \boldsymbol{e}_n)$$

太字のアルファベットは
n次元列ベクトルだということに注意！

行列なのにベクトルになっているのがすごく不思議だと思うんだけども、いまから説明するね。例えば、こんな行列を考える。

$$X = \begin{pmatrix} a & b \\ c & d \end{pmatrix}$$

これを縦のかたまりに分けて2つの列ベクトルが並んでると思うことにするのね。つまり、2次元の2つの列ベクトルが並んでると考えます。

$$X = \left(\begin{array}{c|c} a & b \\ c & d \end{array} \right) = (\boldsymbol{x}_1, \boldsymbol{x}_2)$$

同じようにして、$n \times n$の正方行列Xをベクトルで表す方法を考えましょう。n次元列ベクトルがn個あれば、縦でn個、横でn個で**$n \times n$正方行列**になるね。だから、$\boldsymbol{x}_i (i = 1, 2, \cdots, n)$をそれぞれ**$n$次元列ベクトル**とすれば、

$$X = (\boldsymbol{x}_1, \boldsymbol{x}_2, \cdots, \boldsymbol{x}_n)$$

と表せる。

ここで$\boldsymbol{e}_1, \boldsymbol{e}_2$っていうのは何かという話をしましょう。これらは$n$次元列ベクトルで、具体的に書くとこうなる。

$$\boldsymbol{e}_1 - \begin{pmatrix} 1 \\ 0 \\ \vdots \\ 0 \end{pmatrix}, \quad \boldsymbol{e}_2 - \begin{pmatrix} 0 \\ 1 \\ 0 \\ \vdots \\ 0 \end{pmatrix}$$

$\boldsymbol{e}_1$というのは第1成分だけ1で他が全部0であるベクトル、$\boldsymbol{e}_2$というのは第2成分だけ1で他が全部0っていうベクトルのこと。

同様に、e_3 は第 3 成分だけ 1 で他が 0 というベクトルで、これら e_1, e_2, …, e_n を順番に n 個並べると斜めに 1 が並んで、それが単位行列になるんだ。このベクトルを **n 次元単位ベクトル**といいます。

こんなふうに行列をベクトルで表記すると 1 つ嬉しいことが起こるんだ。

●行列のベクトル表記の利点　行列をベクトルで表記すると、①式は

$$A(\bm{x}_1, \bm{x}_2, \cdots, \bm{x}_n) = (\bm{e}_1, \bm{e}_2, \cdots, \bm{e}_n) \qquad \cdots ②$$

と表せて、じつは A を次のように分配するようなことができるんだ。

$$(A\bm{x}_1, A\bm{x}_2, \cdots, A\bm{x}_n) = (\bm{e}_1, \bm{e}_2, \cdots, \bm{e}_n) \qquad \cdots ③$$

こういうきれいな関係が成り立つことが、行列をベクトルで表記する利点の 1 つなんだね。

②から③のように A が分配出来る理由は、すぐ後の★で具体例で説明するね。

③の式は左辺と右辺が行列として等しいという意味だから、それぞれの列ベクトルが等しくなっていないといけないよね。よって、成り立つべき式は、次の n 個の式。

$$A\bm{x}_i = \bm{e}_i \quad (i = 1, 2, \cdots, n \; ; \; \bm{x}_i \text{ は } n \text{ 次元列ベクトル}) \qquad \cdots (*)$$

じつは、これが今回の議論の出発点になっています。

★②から③のように変形出来る理由

具体例を使って説明しよう。たとえば、$\begin{pmatrix} a & b \\ c & d \end{pmatrix} \begin{pmatrix} x & y \\ z & w \end{pmatrix}$ というものがどうなるか、行列の積の計算方法を思い出すとこうなるね。

$$\begin{pmatrix} a & b \\ c & d \end{pmatrix} \begin{pmatrix} x & y \\ z & w \end{pmatrix} = \begin{pmatrix} \boxed{\begin{matrix} ax+bz \\ cx+dz \end{matrix}} & \begin{matrix} ay+bw \\ cy+dw \end{matrix} \end{pmatrix} \qquad \cdots ④$$

いま、④の右辺の行列の1列目に注目して下さい。

$$\begin{pmatrix} ax + bz \\ cx + dz \end{pmatrix}$$

この部分って、じつは行列とベクトルの積の形で書けるんだ。というのは

$$\begin{pmatrix} a & b \\ c & d \end{pmatrix} = A, \quad \begin{pmatrix} x \\ z \end{pmatrix} = \boldsymbol{x}_1$$

とおけば、行列をベクトルに作用するときの計算方法から

$$\begin{pmatrix} ax + bz \\ cx + dz \end{pmatrix} = A\boldsymbol{x}_1,$$

となるからね。さらに同じように、$\begin{pmatrix} y \\ w \end{pmatrix} = \boldsymbol{x}_2$ とおけば、④の行列の2列目も

$$\begin{pmatrix} ay + bw \\ cy + dw \end{pmatrix} = A\boldsymbol{x}_2$$

と書ける。そうして、これらの2つの式を横に並べてまとめてみよう。

$$\begin{pmatrix} ax + bz & ay + bw \\ cx + dz & cy + dw \end{pmatrix} = (A\boldsymbol{x}_1, A\boldsymbol{x}_2) \qquad \cdots ⑤$$

一方、④の行列の積はこう書けるよね。

$$\begin{pmatrix} a & b \\ c & d \end{pmatrix} \begin{pmatrix} x & y \\ z & w \end{pmatrix} = A(\boldsymbol{x}_1, \boldsymbol{x}_2) \qquad \cdots ⑥$$

もちろん⑤と⑥は同じものだから、

$$A(\boldsymbol{x}_1, \boldsymbol{x}_2) = (A\boldsymbol{x}_1, A\boldsymbol{x}_2) \qquad \cdots ⑦$$

太字のアルファベットは列ベクトルを表すことに注意しよう。

　ここでは2×2の場合しか証明してないけど、同様に他のサイズの正方行列でも成り立つことが証明できる。
　列ベクトルの表記って便利でしょ？

1-2 掃き出し法を使う理由

ここからは、実際に（＊）式を解くことについて考えていくね。

まず、この式が n 個の n 元連立 1 次方程式になっていることを意識しよう。

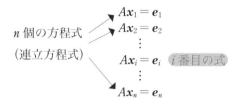

ところで、連立 1 次方程式は行列とベクトルを使って書けたよね。それぞれの i について次のような連立方程式が n 個あるってことなんだ。

$$A\begin{pmatrix} x_{i1} \\ \vdots \\ x_{ii} \\ \vdots \\ x_{in} \end{pmatrix} = \begin{pmatrix} 0 \\ \vdots \\ 1 \\ \vdots \\ 0 \end{pmatrix} \quad \cdots ⑧$$

x_i e_i

> *i* 番目の式 は、次のようにおくと
> ⑧のようになる。
> $$x_i = \begin{pmatrix} x_{i1} \\ x_{i2} \\ \vdots \\ x_{in} \end{pmatrix}, \, e_i = \begin{pmatrix} 0 \\ \vdots \\ 1 \\ \vdots \\ 0 \end{pmatrix} \leftarrow i \, 列目$$

これを解きたいんだけど、皆はすでに連立 1 次方程式を解く方法を知ってるから問題ないよね。

どうやって解くかっていうと、まず係数行列と定数項ベクトルをまとめて並べた拡大係数行列を書くんだった。これに対して掃き出し法を行う。

$$(A \,|\, e_i) \longrightarrow$$
拡大係数行列

掃き出し法というのは、行列 A を見ながら、この位置にある行列が最終的に単位行列になるように行基本変形していく操作だったよね。もちろんそのときに拡大係数行列の棒の右側にある定数項ベクトルも同時に変形されていくんだけども、最終的に残る列ベクトル c_i が求める解 x_i だったよね。

$$(A \mid \boldsymbol{e}_i) \xrightarrow{\text{掃き出し法}} (E \mid \boldsymbol{c}_i) \overbrace{\text{求める解 } \boldsymbol{x}_i}$$

　復習になるけども、行基本変形してもうまく対角線上に1が並ばない、つまり単位行列が出てこないケースもあったね。rank の話をしたときに説明したんだけど、連立1次方程式で解がただ1組定まる⟷逆行列を持つということが言える。なので、逆行列を持つ行列を考えているときは、必ず対角線に1が並ぶようになってます。つまり必ず E に出来て、そのとき棒の右側にあるベクトルが求める $\boldsymbol{x}_i$ ということ。

　いま $\boldsymbol{e}_i$ について考えたけど、別に i は1でも2で3でもやる操作は同じじゃないかな？　だって、行基本変形で頑張って対角成分に1が並ぶようにするときに見ていくのは A だけで、ここはオマケで勝手に変形されてくだけだから、実際には見ないで掃き出し法をやっていくよね。だからこの A を単位行列 E に変えていく行基本変形って、どの $\boldsymbol{e}_i$ についても同じはず。

　要するに、行基本変形の結果として出てくる $\boldsymbol{c}_i$ が別にバラバラでも、A という係数行列を、単位行列に変形するために行われる行基本変形は全部同じようにやれるはずなんだね。

●**一気に掃き出す**　説明したことを整理して、手順をまとめておこう。
　係数行列と、それぞれの単位ベクトルを並べて表記してあげる。そうすると、$(\boldsymbol{e}_1, \boldsymbol{e}_2, \cdots, \boldsymbol{e}_n)$ は単位行列になるから、係数行列で1本線で区切って単位行列を書いてあげる。それ全体について、掃き出し法を行えばいい。

$$(A \mid \underset{E}{\underline{\boldsymbol{e}_i, \boldsymbol{e}_2, \cdots, \boldsymbol{e}_n}}) \xrightarrow{\text{掃き出し法}}$$

　A が単位行列になるように、それぞれの i について別々に掃き出し法を行ったときの結果が $\boldsymbol{c}_i$ なんだから、まとめて書いたってその結果は同じ。つまり、同じ操作をした結果、E の右側に並ぶのが $\boldsymbol{c}_1, \boldsymbol{c}_2, \cdots, \boldsymbol{c}_n$ になるよね。

$$(A \mid \boldsymbol{e}_i, \boldsymbol{e}_2, \cdots, \boldsymbol{e}_n) \xrightarrow{\text{掃き出し法}} (E \mid \boldsymbol{c}_i, \boldsymbol{c}_2, \cdots, \boldsymbol{c}_n)$$

よって求める逆行列 $X = (x_1, x_2, \cdots, x_n)$ は $c_1, c_2, \cdots, c_n$ をまとめたものになる。つまり $A^{-1} = (c_1, c_2, \cdots, c_n)$ ということです。

これが、逆行列 A^{-1} を求める手順と、なぜそうするかという根拠です。

> ▶‖ **逆行列の求め方（掃き出し法）**
>
> $$(A \,|\, e_1, e_2, \cdots, e_n) \xrightarrow{\ \text{掃き出し法}\ } (E \,|\, c_1, c_2, \cdots, c_n)$$
>
> **このとき求める A^{-1} は、**
>
> $$X = (x_1, x_2, \cdots, x_n) = (c_1, c_2, \cdots, c_n)$$

理屈はわかっても、実際に問題をやってみなければわからないと思うので、次は具体例を見ながら理解を深めていきましょう。

2. 具体的な計算例

3×3 行列の逆行列を求める問題をやってみましょう。

example 1

$$A = \begin{pmatrix} 2 & 1 & 1 \\ 1 & 1 & 1 \\ -2 & 0 & 1 \end{pmatrix} \qquad \text{の逆行列を求めよ。}$$

まず係数行列と単位行列を並べて棒で仕切る。これに対して行基本変形（掃き出し法）をして、棒の左側の行列を単位行列に変えていく。

> 復習を兼ねて掃き出し法の操作をやっていこう。

最初に、左上に 1 があるとすごくやりやすいので、行基本変形の 1 つの操作、2 つの行を入れ替えます。左側の行列を見ながらどのような操作をするのかを決めていくんだけど、計算するときは必ず右側をセットで動かすことに注意してね。

$$\text{入れ替え}\begin{pmatrix} 2 & 1 & 1 & 1 & 0 & 0 \\ 1 & 1 & 1 & 0 & 1 & 0 \\ -2 & 0 & 1 & 0 & 0 & 1 \end{pmatrix} \longrightarrow \begin{pmatrix} 1 & 1 & 1 & 0 & 1 & 0 \\ 2 & 1 & 1 & 1 & 0 & 0 \\ -2 & 0 & 1 & 0 & 0 & 1 \end{pmatrix}$$

　次に、この左上の 1 を使って掃き出していくんだったね。この 1 と同じ列にいる他の成分を 0 にしていくためには、1 行目を −2 倍して 2 行目に足し算する。そして、1 行目を 2 倍して 3 行目に足せばいい。結果はこうなる。

$$\begin{pmatrix} 1 & 1 & 1 & 0 & 1 & 0 \\ 2 & 1 & 1 & 1 & 0 & 0 \\ -2 & 0 & 1 & 0 & 0 & 1 \end{pmatrix}\begin{matrix} \times(-2) \\ \\ \times 2 \end{matrix} \longrightarrow \begin{pmatrix} 1 & 1 & 1 & 0 & 1 & 0 \\ 0 & -1 & -1 & 1 & -2 & 0 \\ 0 & 2 & 3 & 0 & 2 & 1 \end{pmatrix}\overset{\text{1行目は}}{\underset{\text{変わらない}}{}}$$

　この次にやりたいことは、2 行目の真ん中の −1 を 1 にするってこと。そのためには 2 行目全体を −1 倍すればいいね。

$$\begin{pmatrix} 1 & 1 & 1 & 0 & 1 & 0 \\ 0 & -1 & -1 & 1 & -2 & 0 \\ 0 & 2 & 3 & 0 & 2 & 1 \end{pmatrix}\times(-1) \longrightarrow \begin{pmatrix} 1 & 1 & 1 & 0 & 1 & 0 \\ 0 & 1 & 1 & -1 & 2 & 0 \\ 0 & 2 & 3 & 0 & 2 & 1 \end{pmatrix}$$

　そうすると、この 1 を使って、同じ列（2 列）にいる他の成分を全部 0 にしていけるね。どうすればいいかというと、2 行目の −1 倍を 1 行目に足して、さらに 2 行目の −2 倍を 3 行目に足せばいい。その結果、こうなるね。

$$\begin{pmatrix} 1 & 1 & 1 & 0 & 1 & 0 \\ 0 & 1 & 1 & -1 & 2 & 0 \\ 0 & 2 & 3 & 0 & 2 & 1 \end{pmatrix}\begin{matrix} \times(-1) \\ \\ \times(-2) \end{matrix} \longrightarrow \begin{pmatrix} 1 & 0 & 0 & 1 & -1 & 0 \\ 0 & 1 & 1 & -1 & 2 & 0 \\ 0 & 0 & 1 & 2 & -2 & 1 \end{pmatrix}$$

　最後に 3 列目の 2 行目にある 1 を 0 にするために、3 行目の −1 倍を 2 行目に足し算します。計算結果を書くとこうなります。

$$\begin{pmatrix} 1 & 0 & 0 & 1 & -1 & 0 \\ 0 & 1 & 1 & -1 & 2 & 0 \\ 0 & 0 & 1 & 2 & -2 & 1 \end{pmatrix}\times(-1) \longrightarrow \begin{pmatrix} 1 & 0 & 0 & 1 & -1 & 0 \\ 0 & 1 & 0 & -3 & 4 & -1 \\ 0 & 0 & 1 & 2 & -2 & 1 \end{pmatrix}$$

　こんなふうにして、棒の左側が単位行列になった。右側に出てきた行列が逆行列だから、答は次のようになる。

$$A^{-1} = \begin{pmatrix} 1 & -1 & 0 \\ -3 & 4 & -1 \\ 2 & -2 & 1 \end{pmatrix}$$

逆行列を求める際に、掃き出し法の計算自体はできる人は多いんだけど、理屈まで理解している人はすごく少ないんだよね。今回の講義では、ここまでの講義の流れとなるべく沿うように解説したから、わかってくれた人も多いかなと思います。

　逆行列を求めるときも、連立1次方程式を求めるときと全く同じ掃き出し法という操作をしたね。これは、たまたま名前が同じで同じ操作してるだけ、ということではないんだ。逆行列を考えるときに、連立1次方程式を解くというシーンが自然に現れたでしょ。そして、連立1次方程式を解くためのエッセンスを抜き出した方法が掃き出し法だったというわけ。

　最後に example 1 の計算のポイントを整理しておこう。結局、3本の連立方程式

$$A\boldsymbol{x}_i = \boldsymbol{e}_i \ (i = 1, 2, 3)$$

を解く作業というのは、それぞれの係数行列を行基本変形し、その解を求めるということ。具体的に言うと、まず1本目の連立方程式は

$\begin{pmatrix} 2 & 1 & 1 \\ 1 & 1 & 1 \\ -2 & 0 & 1 \end{pmatrix}$ と $\begin{pmatrix} 1 \\ 0 \\ 0 \end{pmatrix}$ を行基本変形してその解を求め、次に2本目も同様に、

$\begin{pmatrix} 2 & 1 & 1 \\ 1 & 1 & 1 \\ -2 & 0 & 1 \end{pmatrix}$ と $\begin{pmatrix} 0 \\ 1 \\ 0 \end{pmatrix}$ を基本変形、さらに3本目も同様に…というふうに

3本の連立方程式の解の1つ1つが、それぞれ基本変形していくときに右側

に列ベクトルで $\begin{pmatrix} 1 \\ -3 \\ 2 \end{pmatrix}$, $\begin{pmatrix} -1 \\ 4 \\ -2 \end{pmatrix}$, …と現れてくる。そうすると、解く過程が

生で見えてくるよね。この操作をいっぺんに見ると、掃き出し法によって行列が動いているように見えるというわけ。

　今回の授業はこれでおしまい。

逆行列：掃き出し法

●掃き出し法

$AX = E$ ← これが求まればそれが A^{-1}

$X = (x_1, x_2, \cdots, x_n)$
　　$(x_i : n$ 次元列ベクトル$)$

$E = (e_1, e_2, \cdots, e_n)$
　　$(e_i : n$ 次元単位ベクトル$)$

を用いて、

$A(x_1, x_2, \cdots, x_n) = (e_1, e_2, \cdots, e_n)$

$(Ax_1, Ax_2, \cdots, Ax_n) = (e_1, e_2, \cdots, e_n)$

$$\therefore Ax_i = e_i \ (i = 1, 2, \cdots, n)$$

これを解くには、

$$(A \mid e_i) \xrightarrow{\text{掃き出し法}} (E \mid c_i)$$

拡大係数行列　　　　これが求める x_i

をすればよい。ここで、どの e_i について
も行う行基本変形は同じはずなので、ま
とめると

$$(A \mid \overset{E}{\overbrace{e_1, e_2, \cdots, e_n}}) \xrightarrow{\text{掃き出し法}} (E \mid c_1, c_2, \cdots, c_n)$$

となる。よって、

$X = (x_1, x_2, \cdots, x_n) = (c_1, c_2, \cdots, c_n)$

が求める A^{-1} となる。

---

ex.

$A = \begin{pmatrix} 2 & 1 & 1 \\ 1 & 1 & 1 \\ -2 & 0 & 1 \end{pmatrix}$ の逆行列を求めよ。

<解>

$\begin{pmatrix} 2 & 1 & 1 & | & 1 & 0 & 0 \\ 1 & 1 & 1 & | & 0 & 1 & 0 \\ -2 & 0 & 1 & | & 0 & 0 & 1 \end{pmatrix}$

$\rightarrow \begin{pmatrix} 1 & 1 & 1 & | & 0 & 1 & 0 \\ 2 & 1 & 1 & | & 1 & 0 & 0 \\ -2 & 0 & 1 & | & 0 & 0 & 1 \end{pmatrix} \begin{matrix} \times(-2) \\ \\ \times 2 \end{matrix}$

$\rightarrow \begin{pmatrix} 1 & 1 & 1 & | & 0 & 1 & 0 \\ 0 & -1 & -1 & | & 1 & -2 & 0 \\ 0 & 2 & 3 & | & 0 & 2 & 1 \end{pmatrix} \times(-1)$

$\rightarrow \begin{pmatrix} 1 & 1 & 1 & | & 0 & 1 & 0 \\ 0 & 1 & 1 & | & -1 & 2 & 0 \\ 0 & 2 & 3 & | & 0 & 2 & 1 \end{pmatrix} \begin{matrix} \times(-1) \\ \times(-2) \end{matrix}$

$\rightarrow \begin{pmatrix} 1 & 0 & 0 & | & 1 & -1 & 0 \\ 0 & 1 & 1 & | & -1 & 2 & 0 \\ 0 & 0 & 1 & | & 2 & -2 & 1 \end{pmatrix} \times(-1)$

$\rightarrow \begin{pmatrix} 1 & 0 & 0 & | & 1 & -1 & 0 \\ 0 & 1 & 0 & | & -3 & 4 & -1 \\ 0 & 0 & 1 & | & 2 & -2 & 1 \end{pmatrix}$

$$\therefore A^{-1} = \begin{pmatrix} 1 & -1 & 0 \\ -3 & 4 & -1 \\ 2 & -2 & 1 \end{pmatrix}$$

　ここでは、固有値と固有ベクトルを扱っていきたいと思います。今回はかなりボリュームのある内容ですが、まずは復習からはじめましょう。

1. 固有値・固有ベクトル

1-1 復習 〜行列はベクトルを変換するもの

●復習　これは何でもない行列とベクトルのかけ算。

$$\begin{pmatrix} 2 & 3 \\ 4 & 1 \end{pmatrix} \begin{pmatrix} 1 \\ 2 \end{pmatrix} = \begin{pmatrix} 8 \\ 6 \end{pmatrix}$$

$\begin{pmatrix} 1 \\ 2 \end{pmatrix}$ というベクトルがあって、これに行列 $\begin{pmatrix} 2 & 3 \\ 4 & 1 \end{pmatrix}$ を作用させる、つまりかけ算をすると、このベクトルは $\begin{pmatrix} 8 \\ 6 \end{pmatrix}$ に変わる。こういうのを一次変換といって、ベクトル $\begin{pmatrix} 1 \\ 2 \end{pmatrix}$ が行列によって $\begin{pmatrix} 8 \\ 6 \end{pmatrix}$ に変換されたというふうに見るんだったね。

　この例を図で描くとこんな感じになる。

ここで重要な考え方は、**行列はベクトルを別のベクトルに変換する**ものだと見るっていうことだね。

●**固有値・固有ベクトルのイメージ**　では、こんな問題を考えてみましょう。

> **Question**
>
> 行列 $\begin{pmatrix} 2 & 3 \\ 4 & 1 \end{pmatrix}$ に対して、方向を変えない特別なベクトルはあるか。
>
> また、その倍率は？

　この問題の意味を説明するね。

　さっきの例では、$\begin{pmatrix} 1 \\ 2 \end{pmatrix}$ というベクトルは行列 $\begin{pmatrix} 2 & 3 \\ 4 & 1 \end{pmatrix}$ によって $\begin{pmatrix} 8 \\ 6 \end{pmatrix}$ の方向へと別の方向を向いてしまったんだけど、ベクトルに行列をかけ算すると別のベクトルになるんだから驚きはしないよね。ここでは、この行列に対して何かしら方向を変えないベクトルがあるのか？　という問題を考えます。

　具体的に見たほうがわかりやすいと思うので、この行列をたとえばベクトル $\begin{pmatrix} 1 \\ 1 \end{pmatrix}$ にかけてみよう。そうすると、

$$\begin{pmatrix} 2 & 3 \\ 4 & 1 \end{pmatrix} \begin{pmatrix} 1 \\ 1 \end{pmatrix} = \begin{pmatrix} 5 \\ 5 \end{pmatrix}$$

となるんだけど、結果のベクトルは、$\begin{pmatrix} 5 \\ 5 \end{pmatrix} = 5\begin{pmatrix} 1 \\ 1 \end{pmatrix}$ ってくくれるよね。

$$\begin{pmatrix} 2 & 3 \\ 4 & 1 \end{pmatrix} \begin{pmatrix} 1 \\ 1 \end{pmatrix} = 5\begin{pmatrix} 1 \\ 1 \end{pmatrix}$$

つまり2つのベクトル $\begin{pmatrix} 1 \\ 1 \end{pmatrix}$ と $\begin{pmatrix} 5 \\ 5 \end{pmatrix}$ の方向は全く同じだから、$\begin{pmatrix} 1 \\ 1 \end{pmatrix}$ というベクトルはこの行列によって変換されても、向きが変わらないということ。これは、向きは同じでその大きさが5倍されたということで、そのような特別なベクトルとその倍率を探していくというのが今回の内容です。

じつは、こういうベクトルと倍率はもう1つあって、$\begin{pmatrix} -3 \\ 4 \end{pmatrix}$ というベクトルを取ってきても同じようなことが起きます。計算してみよう。

$$\begin{pmatrix} 2 & 3 \\ 4 & 1 \end{pmatrix} \begin{pmatrix} -3 \\ 4 \end{pmatrix} = \begin{pmatrix} 6 \\ -8 \end{pmatrix} = -2 \begin{pmatrix} -3 \\ 4 \end{pmatrix}$$

今度は -2 でくくってやると、もとのベクトルの定数倍が現れる。このときには倍率が -2 倍だって考えればいい。

こんなふうにある行列に対して方向を変えない特別なベクトルのことを**固有ベクトル**、そのときの倍率のことを**固有値**といいます。

次に、これらをもう少し数学的な言葉でまとめてみましょう。

1-2 固有値・固有ベクトルの定義

はい、これが定義です。

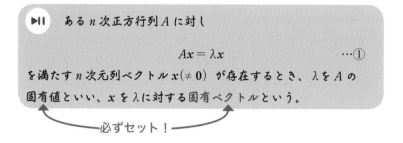

▶❚❚ **ある n 次正方行列 A に対し**

$$Ax = \lambda x \qquad \cdots ①$$

を満たす n 次元列ベクトル $x(\neq 0)$ が存在するとき、λ を A の固有値といい、x を λ に対する固有ベクトルという。

必ずセット！

いくつか注意してほしいところがあるので、説明します。まず1つ目。

$$x \neq 0$$

の部分がすごく大事で、固有ベクトル x は 0 であってはダメです。

　その理由を話すね。これは単純に定義の問題で、もし固有ベクトルに **0** を許してしまうと、行列 A に関わらず左辺も右辺も **0** となって、どんなときもそのまま式①をみたしちゃうよね？　こういった意味のないケースを除くために零ベクトルを固有ベクトルの定義から外しておくんだ。

　2つ目は、固有値と固有ベクトルが必ずセットであるということ。

　λ を A の固有値、ベクトル x を λ に対する固有ベクトルということからもわかるんだけど、必ず、固有値と固有ベクトルはセットで現れると認識しておいてください。

　いま話した2つの注意点を踏まえた上で定義を見てほしい。固有値・固有ベクトルで大事なことは、**行列が先**、固有値・固有ベクトルは後ということと。この行列に対して特別なものは何か？　って考えたときに現れるのが、固有値、固有ベクトルということね。

ここがPOINT！

ある正方行列 A の存在が先！

　この順番を逆にしてしまうとわけがわからなくなるので、しっかり押さえておいてください。いいでしょうか。

　あと1つだけ、ちょっとしたことだけど補足しておこう。p.157 **Question** で「方向を変えない」と書いたけども、これは式で書くと次の通り。

何かベクトルに**行列を作用**させても　　　元々のベクトルの**定数倍**

$$Ax = \lambda x$$

　言い換えると、変換前のベクトルと変換後のベクトルが直線上にあるような関係になっているということ。そういうとき、このベクトル x を固有ベクトルといいます。

1-3 固有値・固有ベクトルの求め方

固有値と固有ベクトルを実際にどうやって求めるのか見ていこう。

もちろん、スタートはこの式。

$$A\boldsymbol{x} = \lambda \boldsymbol{x} \qquad \cdots ①$$

ここで忘れちゃいけないのは、行列 A はすでに与えられた何かで、自分たちが求めたいのは、この①式をみたす $\boldsymbol{x}$ と λ っていうことね。

まず①の右辺を左辺に移項しましょう。

$$(A - \lambda)\boldsymbol{x} = \boldsymbol{0}$$
$$\underset{\text{行列}}{\underline{}} \quad \underset{\text{スカラー}}{\underline{}}$$

…こう書きたくなる気持ちはすごくわかるんだけども、これじつは正しくないんだよね。$A - \lambda$ の部分を見てみると、行列 A と普通の数（スカラー）λ はサイズが合ってないから、引き算ができない。行列は同じサイズの行列同士でしか引き算できないもんね。

じゃあ何をすればいいかっていうと、λ に A と同じサイズの単位行列 E をつけてあげる。そうすれば、**行列－行列**にできる。

$$(A - \lambda E)\boldsymbol{x} = \boldsymbol{0} \qquad \cdots ②$$
$$\underset{\text{行列}}{\underline{}} \quad \underset{\text{行列}}{\underline{}}$$

どうしてこんなことができるかというと、①式の右辺に E が隠れてるんだ。

$$A\boldsymbol{x} = \lambda \boldsymbol{x} \qquad E$$

単位行列 E というのはベクトルを何も変化させないから、$E\boldsymbol{x}$ と書いても $\boldsymbol{x}$ と書いても同じなんだけど、E をつけておくと、左辺に移項させたときにくくられるのが λE だとわかりやすくなる。ということで、この②式について考えていこう。

ここで、もしこの $A - \lambda E$ という行列が逆行列をもっていたらどうなるかな？このとき、②式に左側から $(A - \lambda E)^{-1}$ をかけたら

$$\boxed{(A - \lambda E)^{-1}(A - \lambda E)}\boldsymbol{x} = (A - \lambda E)^{-1}\boldsymbol{0}$$

となって、この式から、次のようになってしまうね。

$$\boxed{E}\boldsymbol{x} = \boldsymbol{0} \text{ つまり } \boldsymbol{x} = \boldsymbol{0}$$

でも、固有ベクトルは零ベクトルであってはダメなわけだから、x が固有ベクトルであるためには少なくとも、$A - \lambda E$ という行列が逆行列をもっていてはいけないことがわかるよね。つまり、その行列式が 0 であってほしい。

逆行列をもたないことと、行列式が 0 であることは同値だったね！

$$|A - \lambda E| = 0 \qquad \cdots ③$$

ここで、A は与えられた行列、E は決まっている行列なので、未知数は λ のみ。つまりこれは λ に関する方程式ということ。そしてこの方程式には**固有方程式**という名前がついていることを覚えておこう。より具体的に言うと、$A - \lambda E$ は n 次正方行列だから、③式は λ に関する n 次方程式になる。よくわからない人は、次節で具体例を扱うから少し我慢してね。

さて、注意深い人は「あれ？　③式をみたせば本当に $x = 0$ 以外の解をもつことが言えるの？」と思うかもしれないね。

確かに上の議論では、$x \neq 0$ の解をもつには③式をみたす必要があるという話しかしていない。先に結論をいうと、しっかり十分性も成り立つんだけど、少し難しいから初めて勉強する人は事実として理解して先に進んでもいいよ。

まず、$A - \lambda E$ が正則でないことから、$n > \mathrm{rank}(A - \lambda E)$ がいえる（p.140 参照）。
そして連立 1 次方程式に解があるとき、係数行列の rank が n より小さい場合には解は 1 つに定まらず、必ず不定性が生まれるんだった（第 7 講 3-2 参照）。つまり自明な解 $x = 0$ 以外の解がかならずあるということなんだよね。
これで自分たちに与えられた課題は③式を解くことだということがハッキリした。

　③式は λ の n 次方程式だから、これを解けば重解を含めて n 個の解が得られる。その n 個の解を

$$\lambda = \lambda_i \ (i = 1, 2, \cdots, n)$$

と書いておこう。これらが欲しかった A の**固有値**。

では次に、ベクトル $\boldsymbol{x}$ について解いていきましょう。

そのためにはこの λ_i を②にそれぞれ代入した形の方程式

$$(A - \lambda_i E)\boldsymbol{x} = \boldsymbol{0} \qquad \cdots ④$$

$\boldsymbol{x}$ は n 次元の列ベクトルだから、結局④は n 元連立 1 次方程式になる。

を解いていけばいいんだね。④式でその値が決まっていないのはベクトル $\boldsymbol{x}$ だけだから、未知数はベクトル $\boldsymbol{x}$ の n 個の成分だけであることに注意しよう。

④式を解いた結果、それぞれの λ_i に対して n 個の解が求まるから、解 $\boldsymbol{x}$ はこんなふうに書けるね。

$$\boldsymbol{x} = \boldsymbol{x}_i \ (i = 1, 2, \cdots, n)$$

これらのベクトルがそれぞれの固有値に対する**固有ベクトル**。

●固有値・固有ベクトルの求め方のまとめ

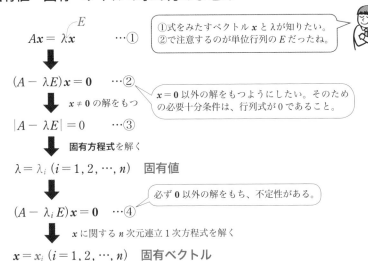

$$Ax = \overset{E}{\lambda x} \qquad \cdots ①$$

①式をみたすベクトル $\boldsymbol{x}$ と λ が知りたい。
②で注意するのが単位行列の E だったね。

$$(A - \lambda E)\boldsymbol{x} = \boldsymbol{0} \qquad \cdots ②$$

$\boldsymbol{x} \neq \boldsymbol{0}$ の解をもつ

$\boldsymbol{x} = \boldsymbol{0}$ 以外の解をもつようにしたい。そのための必要十分条件は、行列式が 0 であること。

$$|A - \lambda E| = 0 \qquad \cdots ③$$

固有方程式を解く

$$\lambda = \lambda_i \ (i = 1, 2, \cdots, n) \quad \text{固有値}$$

必ず $\boldsymbol{0}$ 以外の解をもち、不定性がある。

$$(A - \lambda_i E)\boldsymbol{x} = \boldsymbol{0} \qquad \cdots ④$$

$\boldsymbol{x}$ に関する n 次元連立 1 次方程式を解く

$$\boldsymbol{x} = \boldsymbol{x}_i \ (i = 1, 2, \cdots, n) \quad \text{固有ベクトル}$$

④を解くと、λ_1 に対しては $\boldsymbol{x}_1$、λ_2 に対しては $\boldsymbol{x}_2$ っていうふうにそれぞれに対応した固有ベクトル $\boldsymbol{x}_i$ が求まっていく。

2. 具体例

　式を追ってみてもなかなか感覚がつかめないと思うので、具体例をやって「あぁそういうことね」って実感してもらいましょう。

2-1　2 × 2 の場合

> **example 1**　次の行列 A の固有値・固有ベクトルを求めよ。
>
> $$A = \begin{pmatrix} 2 & 3 \\ 4 & 1 \end{pmatrix}$$

　じつは冒頭で扱った行列なんだけど、これについて考えていくね。

　まずやることは、固有方程式③を解くことだね。そのために、$A - \lambda E$ の成分を計算すると、

$$A - \lambda E = \begin{pmatrix} 2 & 3 \\ 4 & 1 \end{pmatrix} - \lambda \begin{pmatrix} 1 & 0 \\ 0 & 1 \end{pmatrix} = \begin{pmatrix} 2 & 3 \\ 4 & 1 \end{pmatrix} - \begin{pmatrix} \lambda & 0 \\ 0 & \lambda \end{pmatrix} = \begin{pmatrix} 2-\lambda & 3 \\ 4 & 1-\lambda \end{pmatrix}$$

　この行列式は固有方程式の左辺になるね。2 × 2 の行列式の計算はすごく簡単で、こんなふうになる。

$$\begin{vmatrix} 2-\lambda & 3 \\ 4 & 1-\lambda \end{vmatrix} = (2-\lambda)(1-\lambda) - 12$$
$$= \lambda^2 - 3\lambda - 10 = (\lambda-5)(\lambda+2)$$

　いまからやりたいことは、これが 0 になるような λ を求めることだから、

$$(\lambda-5)(\lambda+2) = 0 \qquad \therefore \lambda = 5, -2$$

これらが固有値。だから、この行列 A の固有値は 5 と -2 だとわかるね。

　この問題のゴールは、5 に対する固有ベクトル、-2 に対する固有ベクトルを求めるところまでなので、そのための計算をしていきましょう。

(i) $\lambda = 5$ のとき

λをこう決めたら、④式に $\lambda_1 = 5$ を入れた行列は

$$A - \lambda_1 E = \begin{pmatrix} 2-\lambda & 3 \\ 4 & 1-\lambda \end{pmatrix} = \begin{pmatrix} 2-5 & 3 \\ 4 & 1-5 \end{pmatrix} = \begin{pmatrix} -3 & 3 \\ 4 & -4 \end{pmatrix}$$

というふうになるから、これに対応する固有ベクトルを $\boldsymbol{x}_1 = \begin{pmatrix} x \\ y \end{pmatrix}$ とおいて

$$\begin{pmatrix} -3 & 3 \\ 4 & -4 \end{pmatrix} \begin{pmatrix} x \\ y \end{pmatrix} = \begin{pmatrix} 0 \\ 0 \end{pmatrix}$$

を解けばいい。これを連立方程式に書き直すと

$$\begin{cases} -3x + 3y = 0 \\ 4x - 4y = 0 \end{cases} \quad \Leftrightarrow \quad x - y = 0 \qquad \cdots ⑤$$

 見かけは 2 つの式だけど結局式の本数が 1 本しかないから不定方程式。不定方程式の解は何でもいいわけじゃない。この式をみたす x, y だけが許されるんだったよね。

⑤式だけでは 2 つの文字の値を決めることはできないので、1 つ決め打ちして、そのときのもう一方の文字を計算します。s_1 という定数を使おうか。x, y どちらかを s_1 と決めて⑤に代入すれば、必ずもう一方も決まる。つまり

$$x = s_1 \text{ とすると、} y = s_1$$

これをベクトルの形で書くと、

$$\boldsymbol{x}_1 = \begin{pmatrix} x \\ y \end{pmatrix} = \begin{pmatrix} s_1 \\ s_1 \end{pmatrix} = s_1 \begin{pmatrix} 1 \\ 1 \end{pmatrix} \quad (s_1 \text{ は任意定数、} s_1 \neq 0)$$

これが、求めたい固有ベクトルの 1 つめです。s_1 は何でもいいから任意定数と書いておく。ただし、$s_1 = 0$ だったら零ベクトルになってしまうので、$s_1 \neq 0$ という条件もつけておこう。

こんなふうに、A の固有ベクトルは $\begin{pmatrix} 1 \\ 1 \end{pmatrix}$ の定数倍だということがわかった。

この章の冒頭で出てきた $\begin{pmatrix} 1 \\ 1 \end{pmatrix}$ というベクトルは、$s_1 = 1$ の特別な場合だったんだね。

ベクトル $\begin{pmatrix} 1 \\ 1 \end{pmatrix}$ の定数倍が全て固有ベクトルになるというのは、固有値と固有ベクトルの定義の式

$$Ax = \lambda x$$

から簡単にわかる。この式が成立しているんだったら、例えば両辺を2倍してみると $2Ax = 2\lambda x$ となって、スカラーはかけ算の順番を入れ換えてもいいからこんなふうに書けるね。

$$A(2x) = \lambda(2x)$$

$2x$ を一つのベクトルとしてこの式を見たら、同じ固有値 λ に対する固有ベクトルになってる。だから、固有ベクトルの0を除く定数倍っていうのは全部固有ベクトルになるんだね。

元々の定義から、しっかりそうなるはずだって言うのはわかったかな。だからこそ、連立方程式に必ず不定性が現れるっていうことだね。

これで終わりではなくて、もう1つの固有値 $\lambda = -2$ についても計算してみましょう。

(ii) $\lambda = -2$ のとき

④式に $\lambda_2 = -2$ を突っ込むと、

$$A - \lambda_2 E = \begin{pmatrix} 2 - (-2) & 3 \\ 4 & 1 - (-2) \end{pmatrix} = \begin{pmatrix} 4 & 3 \\ 4 & 3 \end{pmatrix}$$

となる。(i)と同じように $x_2 = \begin{pmatrix} x \\ y \end{pmatrix}$ として、次の方程式を解けばいい。

$$\begin{pmatrix} 4 & 3 \\ 4 & 3 \end{pmatrix} \begin{pmatrix} x \\ y \end{pmatrix} = \begin{pmatrix} 0 \\ 0 \end{pmatrix}$$

この式を見ると、x 成分から出てくる方程式も y 成分から出てくる方程式も同じ式であることがわかる。

$$4x + 3y = 0 \qquad \qquad \cdots ⑥$$

未知数が2つで式が1つしかないから、この方程式も不定方程式だね。こういう方程式を解くには、何かしら1つの文字を定数とおいてそれに対応するもう1つの値を求めればいい。

ここで、さっきみたいに $x = s_2$ などとおいてしまうと、$y = -\dfrac{4}{3} s_2$ となっ

て分数が出てきちゃうね。もちろん分数でダメな理由はないんだけど、どう

せなら整数だけで表したい。

じゃ、こんなふうにおいてみたらどうかな。

$$x = -3s_2$$

これを⑥に代入して y を求めると、

$$y = 4s_2$$

そうすると任意定数 s_2 の整数倍で書ける。これがちょっと嬉しいところ。

ベクトルの形式で書くと、λ_2 に対する固有ベクトル $\boldsymbol{x}_2$ は次のようになる。

$$\boldsymbol{x}_2 = \begin{pmatrix} x \\ y \end{pmatrix} = \begin{pmatrix} -3s_2 \\ 4s_2 \end{pmatrix} = s_2 \begin{pmatrix} -3 \\ 4 \end{pmatrix}$$

ここからは「s_2 は任意定数、$s_2 \neq 0$」というのを省略することにするね。

> $x = s_2$ とおいたときに現れるベクトルも、$\begin{pmatrix} -3 \\ 4 \end{pmatrix}$ と全く同じ向きを向いたベクトルであることを確かめてみてね。

はい、冒頭で出てきたような固有ベクトル $\begin{pmatrix} 1 \\ 1 \end{pmatrix}$ と $\begin{pmatrix} -3 \\ 4 \end{pmatrix}$ がちゃんと現れた

ね。そしてこれらの倍率である固有値がそれぞれ -2 と 5 っていうのも導く

ことができた。固有値と固有ベクトルの求め方がわかってもらえたでしょう

か。

2-2　3×3の場合

　2×2の場合はいまやったように簡単にできるんだけど、もっとサイズが大きくなってくると単純に計算量が増えるだけでなく、少しややこしい問題が発生したりするのね。3×3の場合を例にとってその話をしていきましょう。

> **example 2**　次の行列 A の固有値、固有ベクトルを求めよ。
>
> $$A = \begin{pmatrix} 2 & 1 & 1 \\ 1 & 2 & 1 \\ 1 & 1 & 2 \end{pmatrix}$$

　最初にやるのは固有方程式を解くことだったね。固有方程式は、$A - \lambda E$ の行列式が0になるというものだったから、

$$A - \lambda E = \begin{pmatrix} 2 & 1 & 1 \\ 1 & 2 & 1 \\ 1 & 1 & 2 \end{pmatrix} - \lambda \begin{pmatrix} 1 & 0 & 0 \\ 0 & 1 & 0 \\ 0 & 0 & 1 \end{pmatrix} = \begin{pmatrix} 2-\lambda & 1 & 1 \\ 1 & 2-\lambda & 1 \\ 1 & 1 & 2-\lambda \end{pmatrix}$$

の行列式を考えて、

$$|A - \lambda E| = \begin{vmatrix} 2-\lambda & 1 & 1 \\ 1 & 2-\lambda & 1 \\ 1 & 1 & 2-\lambda \end{vmatrix} = 0$$

　この行列式を計算するには、サラスの公式でも余因子展開でもいいんだけど、出てくる式はもちろん同じ。計算式は省略するけど、結果は次のようになるよ。

$$\begin{vmatrix} 2-\lambda & 1 & 1 \\ 1 & 2-\lambda & 1 \\ 1 & 1 & 2-\lambda \end{vmatrix} = \cdots 省略 \cdots = -(\lambda-1)^2(\lambda-4) = 0$$

　よって、この方程式を解くと、

$$\lambda = 1 \ （重解）, 4$$

となる。ここで重解が現れてることに注目してほしい。でもやることはさっきと全く同じ。いま求まった λ を $(A-\lambda E)\boldsymbol{x} = \boldsymbol{0}$ に代入してそれぞれの $\boldsymbol{x}$ について解いていく。まずは $\lambda = 1$ に対する固有ベクトルを求めていこう。

(i) λ＝1のとき

λ＝1を$(A-\lambda E)\boldsymbol{x}=\boldsymbol{0}$ に代入して、

$$\begin{pmatrix} 1 & 1 & 1 \\ 1 & 1 & 1 \\ 1 & 1 & 1 \end{pmatrix} \begin{pmatrix} x \\ y \\ z \end{pmatrix} = \begin{pmatrix} 0 \\ 0 \\ 0 \end{pmatrix}$$

を解いていく。ここから現れる式は1つだけね。

$$x+y+z=0 \qquad\qquad \cdots ⑦$$

3つ変数があって1つしか式がないから2つの未知数を決め打ちしないといけないね。ここでは、

$$x=s_1, \qquad y=t_1$$

として考えよう。これを⑦式に代入すると、

$$z=-s_1-t_1$$

となる。よって、λ＝1に対する固有ベクトル $\boldsymbol{x}_1$ は任意定数ごとにくくって整理してあげると次のようになる。

$$\boldsymbol{x}_1 = \begin{pmatrix} s_1 \\ t_1 \\ -s_1-t_1 \end{pmatrix} = s_1 \begin{pmatrix} 1 \\ 0 \\ -1 \end{pmatrix} + t_1 \begin{pmatrix} 0 \\ 1 \\ -1 \end{pmatrix}$$

1次独立

1次元独立なベクトルの線形結合になったね。

このように、重解となる固有値に対する固有ベクトルは2個以上のベクトルの線形結合で書かれることがあるので、しっかりと頭にいれておこう。固有ベクトルが零ベクトルにならないような任意定数に対する注意書きをしっかり書くとすると、s_1、t_1 が共に0にならないような任意定数ということになります。

> 一次独立なベクトルの線形結合が零ベクトルになるのは各々の係数が共に0になるときだけだったことを思い出そう。

次にλ＝4についての固有ベクトルを計算してみましょう。

(ii) λ＝4のとき

λ＝4を$(A-\lambda E)\boldsymbol{x}=\boldsymbol{0}$ に代入して

$$\begin{pmatrix} -2 & 1 & 1 \\ 1 & -2 & 1 \\ 1 & 1 & -2 \end{pmatrix} \begin{pmatrix} x \\ y \\ z \end{pmatrix} = \begin{pmatrix} 0 \\ 0 \\ 0 \end{pmatrix}$$

この3元連立方程式を解けばいいんだけども、サイズが大きくなったこういう連立1次方程式の解き方は、第6講でもうやったよね。

これを解くには、次のような拡大係数行列を考えて掃き出し法をやっていけばいいんだった。

$$\left(\begin{array}{rrr|r} -2 & 1 & 1 & 0 \\ 1 & -2 & 1 & 0 \\ 1 & 1 & -2 & 0 \end{array}\right)$$

つまりこの行列に対して行基本変形を繰り返して、棒の左側の行列の対角線に1が並ぶようにする。ここでは実際の計算結果をすぐに書いちゃうね。

$$\left(\begin{array}{rrr|r} -2 & 1 & 1 & 0 \\ 1 & -2 & 1 & 0 \\ 1 & 1 & -2 & 0 \end{array}\right) \rightarrow \cdots 省略 \cdots \rightarrow \left(\begin{array}{rrr|r} 1 & 0 & -1 & 0 \\ 0 & 1 & -1 & 0 \\ 0 & 0 & 0 & 0 \end{array}\right)$$

これをもう一度、連立方程式の形に直してあげると、

$$\begin{cases} x - z = 0 \\ y - z = 0 \end{cases}$$

これより $x = z, y = z$ が出るから、結局、全部等しくなるってことだね。

$$\therefore \quad x = y = z$$

つまり、何か1つの文字を任意定数として決め打ちすれば、他の値は全て同じになるってこと。さっき s_1 を使ったから、ここでは s_2 を使うことにして $x = s_2$ とすると、

$$y = s_2, z = s_2$$

となるから、$\lambda = 4$ に対する固有ベクトル $\boldsymbol{x}_2$ は

$$\boldsymbol{x}_2 = s_2 \begin{pmatrix} 1 \\ 1 \\ 1 \end{pmatrix}$$

これで計算完了。

実際にはもっと問題数をこなしてみないとしっくりこないと思うので、ぜひいろいろな行列に対して固有値・固有ベクトルを求めてみて下さい。

今回はこれでおしまいにします。お疲れ様でした。

まとめ 固有値・固有ベクトル

復習

$$\begin{pmatrix} 2 & 3 \\ 4 & 1 \end{pmatrix} \begin{pmatrix} 1 \\ 2 \end{pmatrix} = \begin{pmatrix} 8 \\ 6 \end{pmatrix}$$

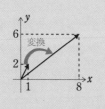

Q. 方向を変えない特別なベクトルはあるか。また、その倍率は？ 固有ベクトル

A. ある。

$$\begin{pmatrix} 2 & 3 \\ 4 & 1 \end{pmatrix} \begin{pmatrix} 1 \\ 1 \end{pmatrix} = \begin{pmatrix} 5 \\ 5 \end{pmatrix} = 5 \begin{pmatrix} 1 \\ 1 \end{pmatrix}$$

$$\begin{pmatrix} 2 & 3 \\ 4 & 1 \end{pmatrix} \begin{pmatrix} -3 \\ 4 \end{pmatrix} = \begin{pmatrix} 6 \\ -8 \end{pmatrix} = -2 \begin{pmatrix} -3 \\ 4 \end{pmatrix}$$

定義

ある n 次正方行列 A に対し

$$Ax = \lambda x$$

をみたす n 次元列ベクトル $x\,(x \neq 0)$ が存在するとき、λ を A の固有値といい、

x を λ に対する固有ベクトルという

必ずセット

求め方

$$Ax = \lambda x \quad E$$

$$(A - \lambda E)x = 0$$

λ の n 次方程式 ↓ $x \neq 0$ の解をもつ

$$|A - \lambda E| = 0$$

↓ 固有方程式を解く

$$\lambda = \lambda_i\,(i = 1, 2, \cdots, n)$$
固有値

x に関する n 元連立 1 次方程式 ↓

$$(A - \lambda_i E)x = 0 \text{ を解く}$$

$$x = x_i\,(i = 1, 2, \cdots, n)$$
固有ベクトル

ex.1

$A = \begin{pmatrix} 2 & 3 \\ 4 & 1 \end{pmatrix}$ の固有値・固有ベクトル

$\begin{vmatrix} 2-\lambda & 3 \\ 4 & 1-\lambda \end{vmatrix} = (2-\lambda)(1-\lambda)-12$

$\qquad = \lambda^2 - 3\lambda - 10$

$\qquad = (\lambda-5)(\lambda+2) = 0$

$\qquad\qquad \therefore \lambda = 5, -2$

(i) $\lambda = 5$ のとき

$\begin{pmatrix} -3 & 3 \\ 4 & -4 \end{pmatrix}\begin{pmatrix} x \\ y \end{pmatrix} = \begin{pmatrix} 0 \\ 0 \end{pmatrix} \Leftrightarrow \begin{cases} -3x + 3y = 0 \\ 4x - 4y = 0 \end{cases}$

$\qquad\qquad\qquad \Leftrightarrow x - y = 0$

$x = s_1$ とすると、$y = s_1$

$\therefore \boldsymbol{x}_1 = \begin{pmatrix} x \\ y \end{pmatrix} = \begin{pmatrix} s_1 \\ s_1 \end{pmatrix} = s_1\begin{pmatrix} 1 \\ 1 \end{pmatrix}$

$\qquad\qquad$ (s_1 は任意定数、$s_1 \neq 0$)

(ii) $\lambda = -2$ のとき

$\begin{pmatrix} 4 & 3 \\ 4 & 3 \end{pmatrix}\begin{pmatrix} x \\ y \end{pmatrix} = \begin{pmatrix} 0 \\ 0 \end{pmatrix} \Leftrightarrow 4x + 3y = 0$

$x = -3s_2$ とすると、$y = 4s_2$

$\therefore \boldsymbol{x}_2 = \begin{pmatrix} x \\ y \end{pmatrix} = \begin{pmatrix} -3s_2 \\ 4s_2 \end{pmatrix} = s_2\begin{pmatrix} -3 \\ 4 \end{pmatrix}$

$\qquad\qquad$ (s_2 は任意定数、$s_2 \neq 0$)

---

ex.2

$A = \begin{pmatrix} 2 & 1 & 1 \\ 1 & 2 & 1 \\ 1 & 1 & 2 \end{pmatrix}$

の固有値、固有ベクトル

$\begin{vmatrix} 2-\lambda & 1 & 1 \\ 1 & 2-\lambda & 1 \\ 1 & 1 & 2-\lambda \end{vmatrix}$

$= \cdots = -(\lambda-1)^2(\lambda-4)$

$= 0$

$\therefore \lambda = 1$ (重解), 4

(i) $\lambda = 1$ のとき

$\begin{pmatrix} 1 & 1 & 1 \\ 1 & 1 & 1 \\ 1 & 1 & 1 \end{pmatrix}\begin{pmatrix} x \\ y \\ z \end{pmatrix} = \begin{pmatrix} 0 \\ 0 \\ 0 \end{pmatrix}$

$\Leftrightarrow x + y + z = 0$

$x = s_1, y = t_1$ とすると

$z = -s_1 - t_1$

$\therefore \boldsymbol{x}_1 = \begin{pmatrix} s_1 \\ t_1 \\ -s_1-t_1 \end{pmatrix}$

$= s_1\begin{pmatrix} 1 \\ 0 \\ -1 \end{pmatrix} + t_1\begin{pmatrix} 0 \\ 1 \\ -1 \end{pmatrix}$

(ii) $\lambda = 4$ のとき

$\begin{pmatrix} -2 & 1 & 1 \\ 1 & -2 & 1 \\ 1 & 1 & -2 \end{pmatrix}\begin{pmatrix} x \\ y \\ z \end{pmatrix} = \begin{pmatrix} 0 \\ 0 \\ 0 \end{pmatrix}$

$\left(\begin{array}{ccc|c} -2 & 1 & 1 & 0 \\ 1 & -2 & 1 & 0 \\ 1 & 1 & -2 & 0 \end{array}\right) \rightarrow$

$\cdots 省略 \cdots \rightarrow \left(\begin{array}{ccc|c} 1 & 0 & -1 & 0 \\ 0 & 1 & -1 & 0 \\ 0 & 0 & 0 & 0 \end{array}\right)$

$\begin{cases} x - z = 0 \\ y - z = 0 \end{cases} \Leftrightarrow x = y = z$

$x = s_2$ とすると $y = s_2, z = s_2$

$\therefore \boldsymbol{x}_2 = s_2\begin{pmatrix} 1 \\ 1 \\ 1 \end{pmatrix}$

原理からしっかりと

⏸ ⏭ 🔊 13/19

線形代数入門講義のラスト2講では、行列の対角化を扱っていきたいと思います。
この第13講では、その中で重解がない場合をやっていきましょう。

1. 定義

1-1 対角化の定義

まず、対角化の定義について見てみましょう。

> ▶ǁ 対角化
>
> n 次正方行列に対して、適当な正則行列が存在し、
> $P^{-1}AP$ が対角行列すなわち
> $$P^{-1}AP = \begin{pmatrix} \lambda_1 & \cdots & 0 & 0 \\ \vdots & \lambda_2 & & 0 \\ 0 & & \ddots & \vdots \\ 0 & 0 & \cdots & \lambda_n \end{pmatrix}$$
> とすることができるとき行列 A は対角化可能であるといい、この
> ときの行列 P を変換行列という。

このとき、行列 $P^{-1}AP$ の対角成分に並ぶ数は全て行列 A の**固有値**になる。
そして、変換行列 P は**対角化行列**ということもある。

1-2 対角化のメリット

ということで、今から対角化を考えていくんだけど、最初にこの定義を見ても、対角化できたところで何が嬉しいんだろう？って思うんじゃないかな。

本当は嬉しいことがたくさんあるんだね。自分がいちばん対角化の嬉しさを実感したのは、物理で量子力学をやったとき。数学では微分方程式を勉強したときに、わ〜便利だな！って思ったりしました。対角化は他にも統計力学はもちろん、数学や物理のいたるところに現れてきます。

でも、大学1, 2年で線形代数そのものを勉強してるときって、対角化の魅力や固有ベクトル・固有値の魅力にはなかなか気づきにくいんだよね。だから、ここではいまの段階でさっと理解できるような、対角化の魅力やメリットについて話していこうと思います。

その1つが、これ。

ここがPOINT!

何が嬉しいか
→n乗の計算（A^n）が簡単

普通、行列のn乗を計算するのってムチャクチャ大変なのね。2×2のサイズの行列でさえ、かけ算っていろいろと面倒臭かったのに、もっとデカくなったらさらに大変なことになるわけです。

ただ、対角化というものを使うと、ものすごくスマートに、シンプルにn乗の計算ができるんだ。

では、対角化のメリットについて説明しましょう。
まず$(P^{-1}AP)^n$を考えます。これはn個のかけ算だからn個並べて書くと

$$(P^{-1}AP)^n = (P^{-1}A\underbrace{P)(P^{-1}}_{E}AP)\cdots\cdots(P^{-1}AP) \quad \cdots ①$$

これよく見ると、途中で P と P^{-1} が並ぶ場所が現れる。この部分を先に計算してしまえば、真ん中に入ってる P は P^{-1} とセットで単位行列になるので全部消えるのね。そうすると A が n 個並ぶ形になって、両端だけセット

| 単位行列はかけ算でいう 1 の役割だから書かなくてもいい。 |

にならないから、左端の P^{-1} と右端の P が残った形になります。だから、①は次のように書ける。

$$(P^{-1}AP)^n = P^{-1}A^n P \qquad\qquad \cdots ②$$

　A^n を求めるには②の右辺から A^n だけを取り出す操作をすればいいね。

　じゃあどうすればいいかというと、②に左側から P をかけて P^{-1} を消し、右側から P^{-1} をかけて P を消す。

$$P(P^{-1}AP)^n P^{-1} = P\overset{E}{P^{-1}}A^n \overset{E}{P}P^{-1}$$

　この式の左右を入れ替えて、

$$A^n = P(P^{-1}AP)^n P^{-1} \qquad\qquad \cdots ③$$

という形になります。

　③式の赤字にした部分に注目してね。これって次のような対角行列じゃなかった？

$$P^{-1}AP = \begin{pmatrix} \lambda_1 & \cdots & 0 & 0 \\ \vdots & \lambda_2 & & 0 \\ 0 & & \ddots & \vdots \\ 0 & 0 & \cdots & \lambda_n \end{pmatrix}$$

　そして対角行列の n 乗ってじつは対角成分が全部 n 乗された形になっているからすぐ計算できる。

$$(P^{-1}AP)^n = \begin{pmatrix} \lambda_1^n & \cdots & 0 & 0 \\ \vdots & \lambda_2^n & & 0 \\ 0 & & \ddots & \vdots \\ 0 & 0 & \cdots & \lambda_n^n \end{pmatrix}$$

実際に計算してみるとわかるけど、対角行列を2乗、3乗すると、斜めの成分が2乗、3乗されていくだけだから、この対角行列のn乗ってすごく簡単。n乗の計算をしてるのに、0の成分の場所はそのまま0だから、一瞬で計算できる。3×3行列の場合はこんなふうになるよ。

$$\begin{pmatrix} a & 0 & 0 \\ 0 & b & 0 \\ 0 & 0 & c \end{pmatrix}^2 = \begin{pmatrix} a & 0 & 0 \\ 0 & b & 0 \\ 0 & 0 & c \end{pmatrix} \begin{pmatrix} a & 0 & 0 \\ 0 & b & 0 \\ 0 & 0 & c \end{pmatrix} = \begin{pmatrix} a^2 & 0 & 0 \\ 0 & b^2 & 0 \\ 0 & 0 & c^2 \end{pmatrix}$$

あとはPさえわかれば③式からすぐにA^nが計算できるよね。Pの作り方は次の節で説明することにしよう。

本当の意味で対角化の素晴らしさに気づくのは、もう少し進んだ勉強をしてからだと思います。なのでこの段階で、

「わー！対角化ってなんなんだー！」「どひー！やる意味がわからん!!」

ってならないようにしてほしい。現段階では、まず対角化という計算テクがあって、単純にその過程を楽しんでくれるだけでよいと思います。

2. 対角化の理論

2-1　変換行列の作り方

もう少し話を進めて、次の定理について考えていこう。

> ▶❙　n次正方行列Aのn個の一次独立な固有ベクトルを$x_1, x_2,$ $\cdots, x_n$とする。それらを並べた行列$(x_1, x_2, \cdots, x_n)$をPとすると、行列Aは次のように対角化できる。
>
> $$P^{-1}AP = \begin{pmatrix} \lambda_1 & \cdots & 0 & 0 \\ \vdots & \lambda_2 & & 0 \\ 0 & & \ddots & \vdots \\ 0 & 0 & \cdots & \lambda_n \end{pmatrix}$$

これは何を言ってるのかというと、対角化の定義にある、「行列Aを対角化するのに必要な変換行列Pは具体的にどうやったら作れるのか」ということに関する定理なんだ。

n 次正方行列 A の n 個の 1 次独立な固有ベクトルを $\boldsymbol{x}_1, \boldsymbol{x}_2, \cdots, \boldsymbol{x}_n$ としましょう。それらの固有ベクトルをピタピタ並べて作った $(\boldsymbol{x}_1, \boldsymbol{x}_2, \cdots, \boldsymbol{x}_n)$ という $n \times n$ 行列を P とすればよいということ。この P を使えば行列 A を対角化できる。

行列 A の変換行列はこの行列の 1 次独立な固有ベクトルを並べたものでよい、と言ってるのがこの定理。

この節では、いろいろと証明することがあるので順を追ってやっていきましょう。

●**行列 P が逆行列をもつこと**　P の作り方はわかった。でも行列は常に逆行列をもつとは限らないから、本当に P^{-1} が存在するかどうか不安だよね。ここでは一次独立な固有ベクトルを並べて作った行列 P が正則であることを証明していきます。

まず、一次独立な固有ベクトル $\boldsymbol{x}_1, \boldsymbol{x}_2, \cdots, \boldsymbol{x}_n$ の線形結合を考える。

$$c_1 \boldsymbol{x}_1 + c_2 \boldsymbol{x}_2 + \cdots + c_n \boldsymbol{x}_n$$

ベクトルの計算ルールを考えるとこれは次のように書き換えることができる。ベクトルを並べて作った行列と各係数を並べた列ベクトルの積と見るんだ。

$$= \underbrace{(\boldsymbol{x}_1, \boldsymbol{x}_2, \cdots, \boldsymbol{x}_n)}_{P} \begin{pmatrix} c_1 \\ c_2 \\ \vdots \\ c_n \end{pmatrix}$$

いまから考えるのは、このベクトルが零ベクトルになるときのこと。つまり、次の①式をみたすような $c_1, c_2, \cdots, c_n$ を調べていくということです。

$$\underbrace{(\boldsymbol{x}_1, \boldsymbol{x}_2, \cdots, \boldsymbol{x}_n)}_{P} \begin{pmatrix} c_1 \\ c_2 \\ \vdots \\ c_n \end{pmatrix} = \boldsymbol{0} \qquad \cdots ①$$

　固有ベクトルはすでに決まっているわけだから未知数は $c_1, c_2, \cdots, c_n$ だけ。つまり、①式はその n 元の連立1次方程式とみることができる。$(x_1, x_2, \cdots, x_n)$ はこの連立1次方程式の係数行列になってるね。

　ちょっと復習しておこう（☞第7講）。n 次正方行列である P の rank は必ず n 以下。そして行列の rank がぴったり n のときにはその行列は正則であり、n 未満のときには逆行列をもたないんだった。とくに定数項ベクトルが零ベクトルである①式は必ず解をもち、もしも P が正則でない場合は、$c_1, c_2, \cdots, c_n$ が全て0という零ベクトル（自明な解）以外の解をもつことになるんだったね。このことを踏まえて、次の証明を見てみよう。

rank$(P) < n$ とすると $c_1 = c_2 = \cdots = c_n = 0$ という自明な解以外の解をもってしまうので、$x_1, x_2, \cdots, x_n$ が一次独立であることに矛盾。よって rank$(P) = n$ であり、P は正則行列である。

　これで安心して P^{-1} が存在するといえることがわかった。

● $P^{-1}AP$ が対角行列であること
はい、必ず P^{-1} があるということがわかったので、次に $P^{-1}AP$ が対角行列になるかどうかということを調べていきます。

　最初からこの式を書いちゃいましょう。

> A をそれぞれ列ベクトルに作用させた形に書けることができるんだった。

$$P^{-1}AP = P^{-1}A(x_1, x_2, \cdots, x_n) = P^{-1}(Ax_1, Ax_2, \cdots, Ax_n) \quad \cdots ②$$

$Ax_1, Ax_2, \cdots, Ax_n$ ってのは $x_1, x_2, \cdots, x_n$ が行列 A の固有ベクトルなわけだから、それぞれの固有値倍のベクトルになります。つまり、固有値を $\lambda_1, \lambda_2, \cdots, \lambda_n$ とすると、

$$② = P^{-1}(\lambda_1 x_1, \lambda_2 x_2, \cdots, \lambda_n x_n)$$

となる。この式はこう書き換えることができます。（☞ p.178 ㊟）

この変形がポイント！

$$= P^{-1}\underbrace{(\boldsymbol{x}_1, \boldsymbol{x}_2, \cdots, \boldsymbol{x}_n)}_{P}\begin{pmatrix} \lambda_1 & \cdots & 0 & 0 \\ \vdots & \lambda_2 & & 0 \\ 0 & & \ddots & \vdots \\ 0 & 0 & \cdots & \lambda_n \end{pmatrix}$$

そしてよく見てほしいのは、この部分は行列 P だっていうこと。そうすると、P^{-1} と P のかけ算が現れるから単位行列 E になって消える。

$$= \underbrace{P^{-1}P}_{E}\begin{pmatrix} \lambda_1 & \cdots & 0 & 0 \\ \vdots & \lambda_2 & & 0 \\ 0 & & \ddots & \vdots \\ 0 & 0 & \cdots & \lambda_n \end{pmatrix} = \begin{pmatrix} \lambda_1 & \cdots & 0 & 0 \\ \vdots & \lambda_2 & & 0 \\ 0 & & \ddots & \vdots \\ 0 & 0 & \cdots & \lambda_n \end{pmatrix} \quad \cdots ③$$

はい、対角成分に固有値が並んで他の成分が 0 という対角行列が出てきました。これで証明が終了。当然だけど②、③式は同じものなので、

$$P^{-1}AP = \begin{pmatrix} \lambda_1 & \cdots & 0 & 0 \\ \vdots & \lambda_2 & & 0 \\ 0 & & \ddots & \vdots \\ 0 & 0 & 0 & \lambda_n \end{pmatrix}$$

が出てきたね。

㊟　この部分の計算を 2×2 行列の場合で確認しよう。$\boldsymbol{x}_1 = \begin{pmatrix} x_1 \\ y_1 \end{pmatrix}, \boldsymbol{x}_2 = \begin{pmatrix} x_2 \\ y_2 \end{pmatrix}$ とすると、

$$(\lambda_1 \boldsymbol{x}_1, \lambda_2 \boldsymbol{x}_2) = \begin{pmatrix} \lambda_1 x_1 & \lambda_2 x_2 \\ \lambda_1 y_1 & \lambda_2 y_2 \end{pmatrix}$$

そして、これとは別に次の行列の積を計算してみる。

$$\begin{pmatrix} x_1 & x_2 \\ y_1 & y_2 \end{pmatrix}\begin{pmatrix} \lambda_1 & 0 \\ 0 & \lambda_2 \end{pmatrix} = \begin{pmatrix} \lambda_1 x_1 & \lambda_2 x_2 \\ \lambda_1 y_1 & \lambda_2 y_2 \end{pmatrix}$$

これで

$$(\lambda_1 \boldsymbol{x}_1, \lambda_2 \boldsymbol{x}_2) = \begin{pmatrix} x_1 & x_2 \\ y_1 & y_2 \end{pmatrix}\begin{pmatrix} \lambda_1 & 0 \\ 0 & \lambda_2 \end{pmatrix}$$

であることがわかったね。これは、3×3、4×4 などのより高次でも同じこと。

さて、**2-1** のポイントをまとめておこう。

ここがPOINT!

行列 A は、その一次独立な固有ベクトルを n 個並べて作った変換行列 P で対角化する。

2-2 異なる固有値に対する固有ベクトルは一次独立

2-1 でやったように、行列を対角化するのに大事なことは、n 個の一次独立な固有ベクトルを準備することだった。では固有ベクトルは一次独立と言い切ってしまっていいのかという話に進んでいきましょう。

▶Ⅱ **n 次正方行列 A の相異なる固有値 $\lambda_1, \lambda_2, \cdots, \lambda_k$ に対する固有ベクトル $x_1, x_2, \cdots, x_k$ は、一次独立である $(1 \le k \le n)$**

●**証明** これは、固有値が異なるもの同士の固有ベクトルは一次独立だと言ってます。数学的帰納法で示してみましょう。

STEP 1 $k = 1$ のとき

この場合、ベクトルが x_1 しかない。$x_1 \ne \mathbf{0}$ のときに $c_1 x_1 = \mathbf{0}$ となるケースは $c_1 = 0$ しかありえないね。よって一次独立の定義から、ベクトルが1個だったら明らかに一次独立になる。

STEP 2 $k = m$ のとき 成立すると仮定する。

この仮定のもとで、④が成り立つとき係数 $c_1, \cdots, c_{m+1}$ が 0 であることを示したい。

$$c_1 x_1 + c_2 x_2 + \cdots + c_m x_m + c_{m+1} x_{m+1} = \mathbf{0} \qquad \cdots ④$$

④の両辺に左から A をかけると、

$$c_1 \underset{\text{1項目}}{\lambda_1 x_1} + c_2 \lambda_2 x_2 + \cdots + c_m \lambda_m x_m + c_{m+1} \lambda_{m+1} x_{m+1} = \mathbf{0} \quad \cdots ⑤$$

1項目だけ見てみよう。A を固有ベクトルにかけると自身の固有値倍になるから、$c_1 A x_1 = c_1 \lambda_1 x_1$。全部同じことなので、⑤式のようになります。

また、④の両辺に λ_{m+1} をかけると

$$c_1 \lambda_{m+1} \boldsymbol{x}_1 + c_2 \lambda_{m+1} \boldsymbol{x}_2 + \cdots + c_m \lambda_{m+1} \boldsymbol{x}_m + c_{m+1} \lambda_{m+1} \boldsymbol{x}_{m+1} = \boldsymbol{0} \qquad \cdots⑥$$

⑤、⑥を比べてみると、一番最後の $m+1$ 番目の項だけ一致していて、λ_1 が λ_{m+1} に、λ_2 が λ_{m+1} に…というふうに λ の部分だけが異なっているね。そこで⑤－⑥を計算して共通部分を前に出して書くと、

$$c_1(\lambda_1 - \lambda_{m+1})\boldsymbol{x}_1 + c_2(\lambda_2 - \lambda_{m+1})\boldsymbol{x}_2 + \cdots + c_m(\lambda_m - \lambda_{m+1})\boldsymbol{x}_m = \boldsymbol{0} \quad \cdots⑦$$

ここで大事なのは、仮定から、$\boldsymbol{x}_1, \boldsymbol{x}_2, \cdots, \boldsymbol{x}_m$ は、一次独立っていうこと。だから⑦が成り立つためには、係数 $\lambda_1 - \lambda_{m+1}$, $\lambda_2 - \lambda_{m+1}$,…が全て 0 のときじゃなきゃダメなんだね。この全ての係数が 0 という状況をまとめて書くには、$\lambda_i - \lambda_{m+1}$ と書いておいてこの i を 1 から m まで動かせばいい。つまりこれをまとめると

$$\boldsymbol{x}_1, \boldsymbol{x}_2, \cdots, \boldsymbol{x}_n \text{ は、一次独立であるから、}$$
$$c_i(\lambda_i - \lambda_{m+1}) = 0 \quad (i = 1, 2, \cdots, m)$$

いま、固有値は全て異なると考えているわけだから

$$\lambda_i - \lambda_{m+1} \neq 0 \quad (i = 1, 2, \cdots, m) \text{より、} c_1 = c_2 = \cdots = c_m = 0$$

これを④式に代入すると、

$\boldsymbol{x}_{m+1}$ は固有ベクトルだから $\boldsymbol{0}$ じゃない。そうすると $c_{m+1} = 0$ となるしかない。

$$c_{m+1}\boldsymbol{x}_{m+1} = \boldsymbol{0}$$ 最後の 1 項を除いて全部 0 になるから

$$\therefore \quad c_{m+1} = 0$$

これで④式が成り立つには $c_1, c_2, \cdots, c_m$ が 0、さらには c_{m+1} も 0 でなければならないことがわかった。よって、$\underline{\boldsymbol{x}_1, \boldsymbol{x}_2, \cdots, \boldsymbol{x}_{m+1} \text{ は、一次独立}}$。

$k = 1$ のとき成立すること、そして $k = m$ のときに成立することを仮定したら $k = m+1$ で成立することもわかった。これで数学的帰納法の完了。(証明終わり)

3. 具体例

　前節までの話で大事なのは何かというと、もし **n 次正方行列の固有値が n 個とも全部異なったら、それらの固有ベクトルは全部、互いに一次独立だ**ということ。こういうケースについては簡単に変換行列 P が求まります。

　ここからは、具体例を扱っていきましょう。

---

example 1　行列 A を変換行列 P を用いて対角化せよ。

$$A = \begin{pmatrix} -2 & 1 \\ 5 & 2 \end{pmatrix}$$

　最初にやることは、この行列の固有値・固有ベクトルを調べること。そのためには、固有方程式を解くんだったね。

　固有方程式というのは、この行列 A から単位行列の λ 倍を引いたものの行列式を考えるということだから、

$$\begin{vmatrix} -2-\lambda & 1 \\ 5 & 2-\lambda \end{vmatrix} = (-2-\lambda)(2-\lambda) - 5 = \lambda^2 - 9$$

　この値が 0 になるときの λ を求めるには、式を因数分解して

$$\lambda^2 - 9 = (\lambda-3)(\lambda+3) = 0$$
$$\therefore \quad \lambda = 3, -3$$

こうやって固有値が求まりました、と。

　次にやるのは、それぞれの固有値についてその固有ベクトルを計算すること。じゃ、1つめ。

(i) $\lambda = 3$ のとき

$$A - \lambda E = \begin{pmatrix} -2-\lambda & 1 \\ 5 & 2-\lambda \end{pmatrix} = \begin{pmatrix} -5 & 1 \\ 5 & -1 \end{pmatrix}$$

だから、いま求める固有ベクトルの成分を $\begin{pmatrix} x \\ y \end{pmatrix}$ とおくと、次の方程式を解いてあげればよい。

$$\begin{pmatrix} -5 & 1 \\ 5 & -1 \end{pmatrix} \begin{pmatrix} x \\ y \end{pmatrix} = \begin{pmatrix} 0 \\ 0 \end{pmatrix}$$

ここから出てくる式は次の 1 つだね。

$$-5x + y = 0$$

これは不定方程式なので、x を決め打ちして $x = s_1$ とすると、$y = 5s_1$。
よって、ここから出てくる $\lambda = 3$ に対する固有ベクトル $\boldsymbol{x}_1$ は、

$$\boldsymbol{x}_1 = s_1 \begin{pmatrix} 1 \\ 5 \end{pmatrix}$$

じゃ、もう 1 つのほうを計算していきましょう。

(ii) $\lambda = -3$ のとき

このときもやることは同じ。$A - \lambda E$ の λ のところに -3 を突っ込んで、

$$\begin{pmatrix} 1 & 1 \\ 5 & 5 \end{pmatrix} \begin{pmatrix} x \\ y \end{pmatrix} = \begin{pmatrix} 0 \\ 0 \end{pmatrix}$$

について考える。これも、出てくる 2 つの方程式は結局同じで、1 つの方程式になる。こんなふうに。

$$x + y = 0$$

これも不定方程式なので、$x = s_2$ とすると $y = -s_2$ だから、$\lambda = -3$ に対する固有ベクトルというのは、

$$\boldsymbol{x}_2 = s_2 \begin{pmatrix} 1 \\ -1 \end{pmatrix}$$

ってことになります。

はい、これで固有ベクトルが準備できた。いま、これら 2 つのベクトルは、異なる固有値に対する固有ベクトルだから、$\boldsymbol{x}_1, \boldsymbol{x}_2$ は一次独立です。

もちろん正確には、x_1, x_2 は $\begin{pmatrix} 1 \\ 5 \end{pmatrix}$ の定数倍、$\begin{pmatrix} 1 \\ -1 \end{pmatrix}$ の定数倍なんだけれども、対角化するときには適当なものをもってくれば OK です。だから、例えば $\begin{pmatrix} 1 \\ 5 \end{pmatrix}$ と $\begin{pmatrix} 1 \\ -1 \end{pmatrix}$ を選ぼうか。これを使って変換行列 P を作っていきます。

これらを並べたものが P だと言ってるんだから、

$$P = \begin{pmatrix} 1 & 1 \\ 5 & -1 \end{pmatrix}$$

そうすると対角行列は、1 つめの成分が $\begin{pmatrix} 1 \\ 5 \end{pmatrix}$ に対応する固有値 3、2 つめの成分が $\begin{pmatrix} 1 \\ -1 \end{pmatrix}$ に対応する固有値 -3、他の成分は 0 だから、

$$P^{-1}AP = \begin{pmatrix} 3 & 0 \\ 0 & -3 \end{pmatrix}$$

となります。

ここで注意してほしいのは、$\lambda = 3$ の固有ベクトルと $\lambda = -3$ の固有ベクトルを入れ替えたものを P としてもよいということ。つまり $P = \begin{pmatrix} 1 & 1 \\ -1 & 5 \end{pmatrix}$ としてもいい。このとき、対角化された行列の成分は入れ替わって、$\begin{pmatrix} -3 & 0 \\ 0 & 3 \end{pmatrix}$ となることに気をつけてね。

いまやった例は 2×2 行列だから混乱しにくいと思うんだけども、これが 3×3 の行列になっても同じ。固有ベクトルの順番によって、固有値の並び方も変わってくることになります。そこだけ気をつけて下さい。

固有値が並んだ対角行列になることは証明済みだからわかってるんだけど、なんとなく心配だと思うので、実際に $P^{-1}AP$ を計算してみて、本当に対角行列になるかどうかをチェックしてみましょう。

Check P の逆行列 P^{-1} を 2×2 の逆行列の計算公式で求める。

$$P^{-1} = \frac{1}{1 \cdot (-1) - 1 \cdot 5} \begin{pmatrix} -1 & -1 \\ -5 & 1 \end{pmatrix} = \frac{1}{6} \begin{pmatrix} 1 & 1 \\ 5 & -1 \end{pmatrix}$$

$$\therefore \quad P^{-1}AP = \frac{1}{6} \begin{pmatrix} 1 & 1 \\ 5 & -1 \end{pmatrix} \begin{pmatrix} -2 & 1 \\ 5 & 2 \end{pmatrix} \begin{pmatrix} 1 & 1 \\ 5 & -1 \end{pmatrix}$$

行列のかけ算は、並ぶ順番を変えなければどこから先に計算してもいいので、初めの 2 つを先に計算すると、

$$= \frac{1}{6} \begin{pmatrix} -2+5 & 1+2 \\ -10-5 & 5-2 \end{pmatrix} \begin{pmatrix} 1 & 1 \\ 5 & -1 \end{pmatrix} = \frac{1}{6} \begin{pmatrix} 3 & 3 \\ -15 & 3 \end{pmatrix} \begin{pmatrix} 1 & 1 \\ 5 & -1 \end{pmatrix}$$

$$= \frac{1}{6} \begin{pmatrix} 3+15 & 3-3 \\ -15+15 & -15-3 \end{pmatrix} = \frac{1}{6} \begin{pmatrix} 18 & 0 \\ 0 & -18 \end{pmatrix} = \begin{pmatrix} 3 & 0 \\ 0 & -3 \end{pmatrix} \quad ■$$

●**まとめと予告** 　行列を対角化したいと思ったら、まず変換行列 P を準備する。変換行列 P をどうやって作ればいいかというと、n 個の一次独立な固有ベクトルをもってきて並べればよかった。ここで、相異なる固有値に対する固有ベクトルは全て一次独立だったから、ある行列の固有値が全て異なる場合はすごく簡単。だって、それぞれに対応する固有ベクトルを順番に並べるだけだから。

　ただ、今回扱ったケースは固有値が相異なるものだからこれでいいんだけど、

　重解があったら・・・あれ？　どうなるんだろう

　一般に、n 次正方行列の固有値は、重解を含めて n 個出てくるから、全部が違えば簡単に一次独立な n 個の固有ベクトルを準備できる。ただ、重解があったら同じようにはいかないよね。このことを扱うのが次の授業、いよいよラストの講義ですね。最後まで楽しんで頑張りましょう。

対角化：重解がない場合

n 次正方行列 A に対し、適当な正則行列 P が存在して、

$$P^{-1}AP = \begin{pmatrix} \lambda_1 & \cdots & 0 & 0 \\ \vdots & \lambda_2 & & 0 \\ 0 & & \ddots & \vdots \\ 0 & 0 & \cdots & \lambda_n \end{pmatrix}$$

のような対角行列にできるとき、行列 A は対角化可能であるといい、このときの行列 P を変換行列という。

何が嬉しいか？

→ n 乗の計算（A^n）が簡単

$$(P^{-1}AP)^n = (P^{-1}AP)(P^{-1}AP)\cdots\cdots(P^{-1}AP)$$

$$= P^{-1}A^n P$$

$$\therefore A^n = P(P^{-1}AP)^n P^{-1}$$

$$\begin{pmatrix} \lambda_1^n & \cdots & 0 & 0 \\ \vdots & \lambda_2^n & & 0 \\ 0 & & \ddots & \vdots \\ 0 & 0 & \cdots & \lambda_n^n \end{pmatrix}$$

定理

n 次正方行列 A の n 個の一次独立な固有ベクトルを $x_1, x_2, \cdots, x_n$ とする。それらを並べた行列 $(x_1, x_2, \cdots, x_n)$ を P とすると、行列 A は次のように対角化できる。

$$P^{-1}AP = \begin{pmatrix} \lambda_1 & \cdots & 0 & 0 \\ \vdots & \lambda_2 & & 0 \\ 0 & & \ddots & \vdots \\ 0 & 0 & \cdots & \lambda_n \end{pmatrix}$$

[証明]

1. 行列 P が逆行列をもつこと

$$c_1 x_1 + c_2 x_2 + \cdots + c_n x_n$$

$$= \underbrace{(x_1, x_2, \cdots, x_n)}_{P} \begin{pmatrix} c_1 \\ c_2 \\ \vdots \\ c_n \end{pmatrix} = \mathbf{0}$$

ここで、$\mathrm{rank}(P) < n$ とすると $c_1 = c_2 = \cdots = c_n = 0$ という自明な解以外の解をもってしまうので、$x_1, x_2, \cdots, x_n$ が一次独立であることに矛盾。よって $\mathrm{rank}(P) = n$ であり、P は正則行列である。■

[証明] つづき

2．$P^{-1}AP$ が対角行列であること

$$P^{-1}AP = P^{-1}A(x_1, x_2, \cdots, x_n)$$
$$= P^{-1}(Ax_1, Ax_2, \cdots, Ax_n)$$
$$= P^{-1}(\lambda_1 x_1, \lambda_2 x_2, \cdots, \lambda_n x_n)$$
$$= P^{-1}\underbrace{(x_1, x_2, \cdots, x_n)}_{P}\begin{pmatrix} \lambda_1 & \cdots & 0 & 0 \\ \vdots & \lambda_2 & & 0 \\ 0 & & \ddots & \vdots \\ 0 & 0 & \cdots & \lambda_n \end{pmatrix}$$
$$= \begin{pmatrix} \lambda_1 & \cdots & 0 & 0 \\ \vdots & \lambda_2 & & 0 \\ 0 & & \ddots & \vdots \\ 0 & 0 & \cdots & \lambda_n \end{pmatrix}$$

> **定理**
>
> n 次正方行列 A の相異なる固有値 $\lambda_1, \lambda_2, \cdots, \lambda_k$ に対する固有ベクトル x_1, x_2, $\cdots$, x_k は、一次独立である($1 \le k \le n$)

[証明]

$k=1$ のとき成立は明らか。
$k=m$ のとき成立を仮定する。このとき、

$$c_1 x_1 + c_2 x_2 + \cdots + c_m x_m + c_{m+1} x_{m+1} = 0 \cdots (※)$$

について考える。(※)の両辺に左から A をかけると、

$$c_1 \lambda_1 x_1 + c_2 \lambda_2 x_2 + \cdots + c_m \lambda_m x_m + c_{m+1} \lambda_{m+1} x_{m+1} = 0 \qquad \cdots ①$$

また(※)の両辺に、λ_{m+1} をかけると

$$c_1 \lambda_{m+1} x_1 + c_2 \lambda_{m+1} x_2 + \cdots + c_m \lambda_{m+1} x_m + c_{m+1} \lambda_{m+1} x_{m+1} = 0 \cdots ②$$

ここで①−②を考えると、

$$c_1(\lambda_1 - \lambda_{m+1})x_1 + c_2(\lambda_2 - \lambda_{m+1})x_2 + \cdots + c_m(\lambda_m - \lambda_{m+1})x_m = 0$$
$$c_i(\lambda_i - \lambda_{m+1}) = 0 \quad (i = 1, 2, \cdots, m)$$

$\lambda_i - \lambda_{m+1} \neq 0 \quad (i = 1, 2, \cdots, m)$ であるので、

$$c_1 = c_2 = \cdots = c_m = 0$$

これを(※)式に代入すると、

$$c_{m+1} x_{m+1} = 0 \qquad \therefore \quad c_{m+1} = 0$$

以上により、$\underline{x_1, x_2, \cdots, x_{m+1}\ は、一次独立}$ ∎

ex.

行列 A を変換行列 P を用いて対角化せよ。

$$A = \begin{pmatrix} -2 & 1 \\ 5 & 2 \end{pmatrix}$$

$$\begin{vmatrix} -2-\lambda & 1 \\ 5 & 2-\lambda \end{vmatrix} = (-2-\lambda)(2-\lambda)-5$$
$$= \lambda^2-9$$
$$= (\lambda-3)(\lambda+3)$$
$$= 0$$
$$\therefore \quad \lambda = 3, -3$$

(i) $\lambda = 3$ のとき

$$\begin{pmatrix} -5 & 1 \\ 5 & -1 \end{pmatrix}\begin{pmatrix} x \\ y \end{pmatrix} = \begin{pmatrix} 0 \\ 0 \end{pmatrix} \Leftrightarrow -5x+y=0$$

$x = s_1$ とすると、$y = 5s_1$

$$\therefore \boldsymbol{x}_1 = s_1\begin{pmatrix} 1 \\ 5 \end{pmatrix}$$

(ii) $\lambda = -3$ のとき

$$\begin{pmatrix} 1 & 1 \\ 5 & 5 \end{pmatrix}\begin{pmatrix} x \\ y \end{pmatrix} = \begin{pmatrix} 0 \\ 0 \end{pmatrix} \Leftrightarrow x+y=0$$

$x = s_2$ とすると $y = -s_2$

$$\therefore \boldsymbol{x}_2 = s_2\begin{pmatrix} 1 \\ -1 \end{pmatrix}$$

よって

$P = \begin{pmatrix} 1 & 1 \\ 5 & -1 \end{pmatrix}$ とすると

$$P^{-1}AP = \begin{pmatrix} 3 & 0 \\ 0 & -3 \end{pmatrix}$$

のように対角化できる。

Check

$$P^{-1} = \frac{1}{1\cdot(-1)-1\cdot 5}\begin{pmatrix} -1 & -1 \\ -5 & 1 \end{pmatrix} = \frac{1}{6}\begin{pmatrix} 1 & 1 \\ 5 & -1 \end{pmatrix}$$

$$\therefore \quad P^{-1}AP = \frac{1}{6}\begin{pmatrix} 1 & 1 \\ 5 & -1 \end{pmatrix}\begin{pmatrix} -2 & 1 \\ 5 & 2 \end{pmatrix}\begin{pmatrix} 1 & 1 \\ 5 & -1 \end{pmatrix}$$

$$= \frac{1}{6}\begin{pmatrix} 3 & 3 \\ -15 & 3 \end{pmatrix}\begin{pmatrix} 1 & 1 \\ 5 & -1 \end{pmatrix}$$

$$= \frac{1}{6}\begin{pmatrix} 18 & 0 \\ 0 & -18 \end{pmatrix} = \begin{pmatrix} 3 & 0 \\ 0 & -3 \end{pmatrix} \quad \blacksquare$$

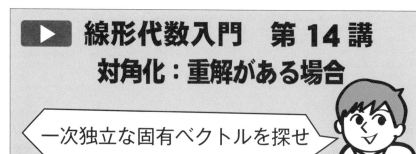

いよいよ最終回です。第13講では重解をもたない場合の対角化を扱いましたが、ここでは重解をもつ場合の対角化を具体例を用いて説明します。

1. 重解がある場合の対角化

1-1　復習

13講で勉強したことをおさらいしましょう。次の空欄に何が入るかな？

> ### ここがPOINT！
>
> 行列の対角化で重要なのは　□□□□□　がとれるかどうか。

これだね。

n 本の一次独立な固有ベクトル

前回の講義では、行列のサイズが $n \times n$ の正方行列の場合、n 本の一次独立な固有ベクトルが準備できれば対角化できるということを示したんだね。

ただ第13講には、**重解がない場合**というサブタイトルがついていた。重解がない場合は、$n \times n$ 行列のときは n 個の相異なる固有値があって、その固有値に対応する固有ベクトルたちは一次独立であることを示したね。この

ことから、n 本の一次独立な固有ベクトルが得られた。

今回は重解がある場合はどうなるかという話を扱います。例題を使いながら説明しましょう。

1-2 具体例

---

example 1　行列 A を変換行列 P を用いて対角化せよ。

$$A = \begin{pmatrix} -2 & 2 & 4 \\ -2 & 3 & 2 \\ -2 & 1 & 4 \end{pmatrix}$$

最初にやることは同じで固有方程式を解く。固有方程式

$$|A - \lambda E| = 0$$

の左辺の中身を具体的に書くと

$$|A - \lambda E| = \begin{vmatrix} -2-\lambda & 2 & 4 \\ -2 & 3-\lambda & 2 \\ -2 & 1 & 4-\lambda \end{vmatrix}$$

これを計算するには、サラスの方法でも余因子展開でもいいので、計算して整理してあげましょう。

$$\begin{vmatrix} -2-\lambda & 2 & 4 \\ -2 & 3-\lambda & 2 \\ -2 & 1 & 4-\lambda \end{vmatrix} = \cdots = -(\lambda-1)(\lambda-2)^2 = 0$$

この方程式を解くと、次のようになる。

$$\lambda = 1, 2 (重解)$$

今回のケースは、第13講と比べて☝の部分が新しい。第13講で扱った 2×2 行列では、2つの異なる固有値が現れたね。この2つの固有値に対してそれぞれ固有ベクトルを求めて、それらを並べた行列を変換行列 P とするんだった。固有値が全て異なりさえすれば、3×3 行列の場合でも全く同じ。3つの固有ベクトルはそれぞれ一次独立になっているので、それらを並べて変換行列 P を作ればよい。

ただ、今回は少し事情が違うよね。固有方程式に重解があって固有値が 2 種類しかない。心配なのはもちろん一次独立な固有ベクトルを 3 本とれるかどうかということ。この問題について一緒に考えていきましょう。

　まずは $\lambda = 1$ について考えよう。これは重解じゃないほうなので、第 13 講と同じようにやっていこう。

(i) $\lambda = 1$ のとき

$$A - \lambda E = \begin{pmatrix} -2-\lambda & 2 & 4 \\ -2 & 3-\lambda & 2 \\ -2 & 1 & 4-\lambda \end{pmatrix} \qquad \cdots (*)$$

の λ のところに 1 を代入して、固有ベクトル $\boldsymbol{x}_1 = \begin{pmatrix} x \\ y \\ z \end{pmatrix}$ で零ベクトルにならないものを見つけます。そのためには、

$$\begin{pmatrix} -3 & 2 & 4 \\ -2 & 2 & 2 \\ -2 & 1 & 3 \end{pmatrix} \begin{pmatrix} x \\ y \\ z \end{pmatrix} = \begin{pmatrix} 0 \\ 0 \\ 0 \end{pmatrix} \qquad \cdots ①$$

を解けばいいんだけど、この作業はさんざんやったので計算過程は飛ばしてしまいます。①の解は、任意定数 s_1 を使って、こう表されるね。

$$\boldsymbol{x}_1 = s_1 \begin{pmatrix} 2 \\ 1 \\ 1 \end{pmatrix}$$

これが $\lambda = 1$ に対する固有ベクトルでした。

　では 2 つ目、重解の方だね。こっちの方が問題となるわけです。

(ii) $\lambda = 2$ のとき

　やることはもちろん同じで、$(*)$ の形に $\lambda = 2$ を入れた方程式を解きます。

固有ベクトルを $\boldsymbol{x}_2 = \begin{pmatrix} x \\ y \\ z \end{pmatrix}$ とすると、こんなふうになる。

$$\begin{pmatrix} -4 & 2 & 4 \\ -2 & 1 & 2 \\ -2 & 1 & 2 \end{pmatrix} \begin{pmatrix} x \\ y \\ z \end{pmatrix} = \begin{pmatrix} 0 \\ 0 \\ 0 \end{pmatrix}$$

　これを解けばいいわけなんだけど、1行目から出てくる式を2で割ったら、x, y, z の係数が順に $-2, 1, 2$ となるから、2行目と3行目から出てくる式と全部同じ式になるね。つまり出てくる式はこれだけです。

$$\Leftrightarrow\quad -2x + y + 2z = 0 \qquad\qquad \cdots②$$

　②式をみたしている x, y, z がこの行列の固有値 $\lambda = 2$ に対する固有ベクトルだね。

　では、②式の解について考えていきましょう。

　まず、$x = s_2$ とおく。次に、$y = t_2$ とおいてもいいんだけど、そうすると $z = s_2 - \dfrac{1}{2} t_2$ となって分数が出てきてしまう。これでも別によいんだけど、せっかくなら $z = t_2$ とおいて全て整数係数になるようにしてあげよう。このとき、$y = 2s_2 - 2t_2$ となるから $\lambda = 2$ に対する固有ベクトルは次のようにまとめられる。

$$\mathbf{x}_2 = \begin{pmatrix} x \\ y \\ z \end{pmatrix} = \begin{pmatrix} s_2 \\ 2s_2 - 2t_2 \\ t_2 \end{pmatrix} = s_2 \begin{pmatrix} 1 \\ 2 \\ 0 \end{pmatrix} + t_2 \begin{pmatrix} 0 \\ -2 \\ 1 \end{pmatrix}$$

● **3本の一次独立な固有ベクトルを作る**　ここまで計算してみて何が問題か考えてみよう。3×3 行列を対角化するとき、変換行列を作るためには3本の一次独立な固有ベクトルが欲しいんだったね。でも重解をもつ場合、いまやってきたように一見固有ベクトルは $\mathbf{x}_1$ と $\mathbf{x}_2$ の2種類しかないように思える。

　ここで大事なことは、対角化をするために、変換行列を作る際に、**行列のサイズに合った n 本の一次独立な固有ベクトルがとれればいいのであって、**

 そのどれもが違う固有値に属する必要はない

ということなんだよね。

$\lambda = 2$ に対する固有ベクトル $\boldsymbol{x}_2$ をよくよく見てみると、この $\begin{pmatrix} 1 \\ 2 \\ 0 \end{pmatrix}$ と $\begin{pmatrix} 0 \\ -2 \\ 1 \end{pmatrix}$ は一次独立になっている。だって、一方を定数倍して他方にするのは絶対に無理だもんね。

$$\boldsymbol{x}_2 = s_2 \begin{pmatrix} 1 \\ 2 \\ 0 \end{pmatrix} + t_2 \begin{pmatrix} 0 \\ -2 \\ 1 \end{pmatrix} \qquad \cdots ③$$

一次独立！

例えば、$\begin{pmatrix} 1 \\ 2 \\ 0 \end{pmatrix}$ は③で $t_2 = 0$ としたもの、$\begin{pmatrix} 0 \\ -2 \\ 1 \end{pmatrix}$ は $s_2 = 0$ にしたものなんだけど、一方の係数を 0 にしたところで③の形をしているものは固有ベクトルだから、どっちも固有ベクトルではあるんだよね。しかもこの 2 つは一次独立になっている。

だから、固有値 2 に対する一次独立な固有ベクトルって 2 種類とれるんだね。つまり、重解をもつ場合も、その重複度に合わせた固有ベクトルがしっかりと得られたことになる。

さて、$\begin{pmatrix} 2 \\ 1 \\ 1 \end{pmatrix}$, $\begin{pmatrix} 1 \\ 2 \\ 0 \end{pmatrix}$, $\begin{pmatrix} 0 \\ -2 \\ 1 \end{pmatrix}$ は一次独立で、どれも固有ベクトルであることが分かった。変換行列 P は、一次独立な列ベクトルを全て並べた

$$P = \begin{pmatrix} 2 & 1 & 0 \\ 1 & 2 & -2 \\ 1 & 0 & 1 \end{pmatrix}$$

という形にすれば、対角行列を作る $P^{-1}AP$ は、それぞれに対応した固有値が対角成分に並ぶことになるので、

$$P^{-1}AP = \begin{pmatrix} 1 & 0 & 0 \\ 0 & 2 & 0 \\ 0 & 0 & 2 \end{pmatrix}$$

となる。これで終了です。

つまり、重解がある場合もこんなふうに一次独立なベクトルがその分だけ取れれば、対角化ができるということになります。いいでしょうか。

ちょっと気になること　3つの固有ベクトルは本当に一次独立？

ところで、(i) で求めた $\begin{pmatrix} 2 \\ 1 \\ 1 \end{pmatrix}$ と (ii) で見つけた $\begin{pmatrix} 1 \\ 2 \\ 0 \end{pmatrix}$, $\begin{pmatrix} 0 \\ -2 \\ 1 \end{pmatrix}$、これらは

一次独立でどれも固有ベクトルだから、

「固有値が異なるベクトルは必ず一次独立、だから3つの一次独立なベクトルがとれた。こういう場合だったら対角化ができます。」
ってサラッと書いたんだけども、鋭い人は

うーーーーん、本当かなあ

って思うかもしれないね。

$\begin{pmatrix} 1 \\ 2 \\ 0 \end{pmatrix}$, $\begin{pmatrix} 0 \\ -2 \\ 1 \end{pmatrix}$ が一次独立なのはわかるけど、

$\begin{pmatrix} 2 \\ 1 \\ 1 \end{pmatrix}$ を追加して3本にしても一次独立なのかどうかわかりません

っていう気持ちはわかるけども、こんなふうにイメージしたらよくわかるんじゃないかな。

まず、③の形で書かれるベクトル全部が固有値2に対応する固有ベクトルだということを、視覚的イメージで説明しよう。この固有ベクトル x_2 は2つ

のベクトル $\begin{pmatrix} 1 \\ 2 \\ 0 \end{pmatrix}$, $\begin{pmatrix} 0 \\ -2 \\ 1 \end{pmatrix}$ で貼られる平面全部を表しているんだ。そして、固

有値が異なる固有ベクトルは必ず一次独立になるんだから、ベクトル $\begin{pmatrix} 2 \\ 1 \\ 1 \end{pmatrix}$

はこの平面から浮いていなければならない。

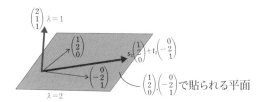

$\begin{pmatrix} 2 \\ 1 \\ 1 \end{pmatrix} \lambda = 1$

$\begin{pmatrix} 1 \\ 2 \\ 0 \end{pmatrix}$

$s_2 \begin{pmatrix} 1 \\ 2 \\ 0 \end{pmatrix} + t_2 \begin{pmatrix} 0 \\ -2 \\ 1 \end{pmatrix}$

$\begin{pmatrix} 0 \\ -2 \\ 1 \end{pmatrix}$

$\lambda = 2$

$\begin{pmatrix} 1 \\ 2 \\ 0 \end{pmatrix}, \begin{pmatrix} 0 \\ -2 \\ 1 \end{pmatrix}$ で貼られる平面

こんなふうに考えると、$\begin{pmatrix} 2 \\ 1 \\ 1 \end{pmatrix}$ をこの2つのベクトル $\begin{pmatrix} 1 \\ 2 \\ 0 \end{pmatrix}, \begin{pmatrix} 0 \\ -2 \\ 1 \end{pmatrix}$ に追加

しても、3本セットで一次独立になることがわかるんじゃないかな。

2. 対角化できない例

重解をもっても対角化できる場合をここまで見てきたんだけど、いつでもうまくいくなんて保証はどこにもないからね。実際には、重解の重複度にあった一次独立なベクトルが得られるとは限らない。具体的にその例を見てみよう。

2-1 具体例

> **example 2** 行列 A の固有値を求め、対角化してみよ。
>
> $$A = \begin{pmatrix} -3 & -1 \\ 1 & -1 \end{pmatrix}$$

行列 A の固有方程式は、

$$\begin{vmatrix} -3-\lambda & -1 \\ 1 & -1-\lambda \end{vmatrix} = (-3-\lambda)(-1-\lambda)+1 = \lambda^2+4\lambda+4 = (\lambda+2)^2 = 0$$

これを解くと、$\lambda = -2$(重解)になります。これでも、一次独立なベクトルが2種類とれる可能性はあるから、代入してみて固有ベクトルを求めてみようか。

じゃ、$\lambda = -2$ を代入してみましょう。そうするとこんな式になるね。

$$\begin{pmatrix} -1 & -1 \\ 1 & 1 \end{pmatrix} \begin{pmatrix} x \\ y \end{pmatrix} = \begin{pmatrix} 0 \\ 0 \end{pmatrix}$$

これを連立方程式の形にすると、2本とも同じ式になる。つまりこれだけ。

$$\Leftrightarrow \quad x + y = 0$$

これは、1本の式に2つの文字が入っているから不定性が1つ出てくる。例えば $x = s_1$ とおくと $y = -s_1$ だから、解をベクトルの形式で書くと

$$x_1 = s_1 \begin{pmatrix} 1 \\ -1 \end{pmatrix}$$

となる。

$\begin{pmatrix} 1 \\ -1 \end{pmatrix}$ が固有ベクトルであることは確かなんだけど、これ以外の固有ベクトルが見つからない。

こういう場合は、最初にも言ったように、**対角化不可能**になるわけです。つまり、固有方程式に重解がある場合、対角化できるときは example 1 のように一次独立なベクトルがその重複度に合わせてとれるんだけども、example 2 のように対角化不可能の場合もあります。こんなケースもあるということを、頭に入れておいてください。

2-2　最後に　〜発展的な話題

最後に少し発展的な話をして、みんなのモチベーションを高めた状態で終わりにしよう。

いま、対角化ができない場合について話したんだけど、こういう場合は何もできないかというと、そんなことはない。じつは**ジョルダン標準形**という話があって、これを勉強するともう少しアプローチができる。

ということで、線形代数にはまだまだ奥深い世界があるので、今後はそういったところにまで進んでくれたら嬉しいです。

最後まで見てくれてありがとう！！

対角化：重解がある場合

point

行列の対角化で重要なのは

n 本の一次独立な固有ベクトル

がとれるかどうか。

---

ex.

行列 $A = \begin{pmatrix} -2 & 2 & 4 \\ -2 & 3 & 2 \\ -2 & 1 & 4 \end{pmatrix}$ を

変換行列 P を用いて対角化せよ。

$$\begin{vmatrix} -2-\lambda & 2 & 4 \\ -2 & 3-\lambda & 2 \\ -2 & 1 & 4-\lambda \end{vmatrix} = \cdots$$

$$= -(\lambda-1)(\lambda-2)^2$$
$$= 0$$

$$\therefore \quad \lambda = 1, 2 (重解)$$

(i) $\lambda = 1$ のとき

$$\begin{pmatrix} -3 & 2 & 4 \\ -2 & 2 & 2 \\ -2 & 1 & 3 \end{pmatrix} \begin{pmatrix} x \\ y \\ z \end{pmatrix} = \begin{pmatrix} 0 \\ 0 \\ 0 \end{pmatrix}$$

を解くと

$$x_1 = s_1 \begin{pmatrix} 2 \\ 1 \\ 1 \end{pmatrix}$$

(ii) $\lambda = 2$ のとき

$$\begin{pmatrix} -4 & 2 & 4 \\ -2 & 1 & 2 \\ -2 & 1 & 2 \end{pmatrix} \begin{pmatrix} x \\ y \\ z \end{pmatrix} = \begin{pmatrix} 0 \\ 0 \\ 0 \end{pmatrix}$$

$$\Leftrightarrow \quad -2x + y + 2z = 0$$

（ex. のつづき）

$x = s_2$, $z = t_2$ とおくと、

$$y = 2s_2 - 2t_2$$

$$\boldsymbol{x}_2 = s_2 \begin{pmatrix} 1 \\ 2 \\ 0 \end{pmatrix} + t_2 \begin{pmatrix} 0 \\ -2 \\ 1 \end{pmatrix}$$

一次独立！

ここで、$\begin{pmatrix} 2 \\ 1 \\ 1 \end{pmatrix}$, $\begin{pmatrix} 1 \\ 2 \\ 0 \end{pmatrix}$, $\begin{pmatrix} 0 \\ -2 \\ 1 \end{pmatrix}$

は一次独立で、

どれも固有ベクトルであるので

$P = \begin{pmatrix} 2 & 1 & 0 \\ 1 & 2 & -2 \\ 1 & 0 & 1 \end{pmatrix}$ とすれば

$P^{-1}AP = \begin{pmatrix} 1 & 0 & 0 \\ 0 & 2 & 0 \\ 0 & 0 & 2 \end{pmatrix}$ となる。∎

対角化できない例

$A = \begin{pmatrix} -3 & -1 \\ 1 & -1 \end{pmatrix}$

$\begin{vmatrix} -3-\lambda & -1 \\ 1 & -1-\lambda \end{vmatrix} = (-3-\lambda)(-1-\lambda) + 1$

$$= \lambda^2 + 4\lambda + 4$$
$$= (\lambda + 2)^2$$
$$= 0$$

$\therefore \quad \lambda = -2 \text{（重解）}$

$\begin{pmatrix} -1 & -1 \\ 1 & 1 \end{pmatrix} \begin{pmatrix} x \\ y \end{pmatrix} = \begin{pmatrix} 0 \\ 0 \end{pmatrix}$

$\Leftrightarrow \quad x + y = 0$

$x = s_1$ とおくと $y = -s_1$

$\boldsymbol{x}_1 = s_1 \begin{pmatrix} 1 \\ -1 \end{pmatrix}$

これ以外の独立な

固有ベクトルがとれない

→対角化不可能

1. 復習

1-1 用語

> **example 1**
>
> $$\begin{cases} x + y = 2 \\ x + 3y = 4 \end{cases}$$

　こういった連立1次方程式を解くとき、中学・高校では**加減法**とか代入法を使ったけど、線形代数では掃き出し法というもっとカッコいい方法で解いていく。

　そのために、まずはこの連立1次方程式を行列を使って書き換えよう。

$$\begin{pmatrix} 1 & 1 \\ 1 & 3 \end{pmatrix} \begin{pmatrix} x \\ y \end{pmatrix} = \begin{pmatrix} 2 \\ 4 \end{pmatrix}$$

$\begin{pmatrix} 1 & 1 \\ 1 & 3 \end{pmatrix}$ のように各係数を成分にもつ行列を**係数行列**という。

　これは未知数の個数が x, y という2個なんだけど、その数がバーッと増えたとき（場合によっては100個とか1000個！）、いちいち連立方程式を書いてたらたまらない。でも、行列で表すとかなりスッキリするよね。多くの人にとって、これが線形代数を勉強していて嬉しく思う最初のポイントかもしれない。

次の3Stepで解くんだったね。

● Step.1 拡大係数行列を作る

係数行列の右側に棒で区切って、定数項の列ベクトルをセットにして、x、yを省略して書いたのが**拡大係数行列**。この問題ではこれ。

$$\left(\begin{array}{cc|c} 1 & 1 & 2 \\ 1 & 3 & 4 \end{array}\right)$$

何でx、yを書かないかというと、いつもこの列$\begin{pmatrix} 1 \\ 1 \end{pmatrix}$には$x$、この列$\begin{pmatrix} 1 \\ 3 \end{pmatrix}$には$y$をかけるっていうルールをあらかじめ決めておくからなんだよね。

● Step.2 行基本変形をして単位行列を作る（掃き出し法）

単位行列ってみんな大好きだよね。
卒業シーズンになると教授の部屋に単位行列ができるからね。
「単位ください！」ってね。

単位行列というのは、対角成分が全て1でそれ以外の成分が0である正方行列だったね。（☞第10講）

また、行基本変形というのは、次の3つの操作のこと。

> ▶ll **行基本変形**
> ① 2つの行を入れ替える
> ② ある行をc倍する（$c \neq 0$）
> ③ ある行のc倍を他の行に加える

じつは、この3つの操作はどれも連立方程式を解くときに自然にやっていた操作なんだ。

例えば**①行を入れ替える**っていうのは、連立方程式の書く順番を変えて

$$x + 3y = 4$$
$$x + y = 2$$

とするだけだよね。成分含めて行を入れ替えるのは当然やっていい操作。

②ある行をc倍するというのは、ある式をc倍するということだね。（cで割るのもc分の1をかけるということだから、同じこと。）ある行をc倍しても連立方程式の答えは変わらないから、これはやってもいい操作。

③ある行のc倍を他の行に加えるっていうのは、加減法そのもの。例えばxを消したかったら、式を何倍かしてxの係数を揃えて足したり引いたりできるもんね。

⚠注意…必ず**行**基本変形を行う

「列基本変形は駄目なのかな？」って疑問に思うかも知れない。実際に、行基本変形の操作①②③を列にやったら何が起きるのかな。まず①。拡大係数行列の1列目と2列目を入れ替えると

$$\begin{pmatrix} 1 & 1 & | & 2 \\ 3 & 1 & | & 4 \end{pmatrix}$$

列を入れ替えたら1列目にx、2列目にyをかけるというルールが崩れちゃうでしょ。つまり、$x + 3y = 4$じゃなきゃいけないのに$3x + y = 4$にしちゃうってことね。列で操作すると、xとかyにかかる数が変わってしまうから駄目なんだ！

ついつい列のほうを入れ替えたい衝動に
駆られることもあると思うんだけど、
その衝動に駆られると
「留年」という
恐ろしい副作用が待ってるからね。

掃き出し法は、係数行列の部分が $\begin{pmatrix} 1 & 0 \\ 0 & 1 \end{pmatrix}$ になったらゴールだから、左上に1があると嬉しいね。1行目は固定で、行基本変形③を使って2行目から1行目を引いてやるのね。

$$\times(-1)\,\begin{pmatrix} 1 & 1 & \bigm| & 2 \\ 1 & 3 & \bigm| & 4 \end{pmatrix} \to \begin{pmatrix} 1 & 1 & \bigm| & 2 \\ 0 & 2 & \bigm| & 2 \end{pmatrix}$$

単位行列は $(2,2)$ 成分も1だから、次に2行目を2で割ってやる。

$$\begin{pmatrix} 1 & 1 & \bigm| & 2 \\ 0 & 1 & \bigm| & 1 \end{pmatrix}$$

単位行列にするためには、この1を使ってその上の1を消せばいい。1行目から2行目を引けば、

$$\times(-1)\,\begin{pmatrix} 1 & 1 & \bigm| & 2 \\ 0 & 1 & \bigm| & 1 \end{pmatrix} \to \begin{pmatrix} 1 & 0 & \bigm| & 1 \\ 0 & 1 & \bigm| & 1 \end{pmatrix}$$ 解！

● Step. 3　右側のベクトルが解

こうして単位行列ができたら、そのときの棒の右側に現れる列ベクトル $\begin{pmatrix} 1 \\ 1 \end{pmatrix}$ が連立方程式の解。つまり、$\begin{pmatrix} x \\ y \end{pmatrix} = \begin{pmatrix} 1 \\ 1 \end{pmatrix}$ が答えになるんだね。ここまでの話をまとめておこう。

▶❚❚　解法のまとめ
- Step.1　拡大係数行列を作る
- Step.2　行基本変形をして単位行列を作る（掃き出し法）
- Step.3　右側のベクトルが解

2. 問題演習

いま復習した3つの Step を確認しながら、厳選した演習問題を4つやっていきましょう。これはたくさん練習が必要だから、この4つを完全マスターしたら、問題集や過去問で練習してね。

2-1 解が一意の場合

演習問題 1

$$\begin{cases} 2x + 3y + z = 7 \\ x + y \ - z = 4 \\ 3x + y \ - z = 6 \end{cases}$$

解法

まず拡大係数行列が書きやすくなるように x と y と z の列をきれいに揃える。単位行列を棒の左側に作りたいから、$(1,1)$ 成分に1をもってくるために1行目と2行目を入れ替えよう（行基本変形①）。

$$\left(\begin{array}{ccc|c} 2 & 3 & 1 & 7 \\ 1 & 1 & -1 & 4 \\ 3 & 1 & -1 & 6 \end{array} \right) \longrightarrow \left(\begin{array}{ccc|c} ① & 1 & -1 & 4 \\ 2 & 3 & 1 & 7 \\ 3 & 1 & -1 & 6 \end{array} \right)$$

ここにできた1を使って掃き出してあげる。まず1行目は固定。1行を2倍して2行から引けば2行の左端に0ができる。次に1行を3倍して3行から引くと、3行の左端にも0が出る。（行基本変形③）

$$\begin{array}{c} \times -2 \\ \\ \times -3 \end{array} \left(\begin{array}{ccc|c} ① & 1 & -1 & 4 \\ 2 & 3 & 1 & 7 \\ 3 & 1 & -1 & 6 \end{array} \right) \longrightarrow \left(\begin{array}{ccc|c} 1 & 1 & -1 & 4 \\ 0 & ① & 3 & -1 \\ 0 & -2 & 2 & -6 \end{array} \right)$$

対角成分を見ると、$(2,2)$成分に1が来てるからこれを使って、その上下にある1と-2を掃き出す。2行目は固定で、2行目を1行目から引けば上を0にできるね。続いて2行目の2倍を3行目に足すとその下の-2が0になる。さらに、グレーの丸い点線で囲った場所に1が欲しいから、3行目を8で割る。（行基本変形②）

$$
\begin{array}{c}\times -1 \\ {} \\ \times 2 \end{array}
\begin{pmatrix} 1 & 1 & -1 & 4 \\ 0 & ① & 3 & -1 \\ 0 & -2 & 2 & -6 \end{pmatrix}
\longrightarrow
\begin{pmatrix} 1 & 0 & -4 & 5 \\ 0 & 1 & 3 & -1 \\ 0 & 0 & ⑧ & -8 \end{pmatrix}{\div 8}
\longrightarrow
\begin{pmatrix} 1 & 0 & -4 & 5 \\ 0 & 1 & 3 & -1 \\ 0 & 0 & ① & -1 \end{pmatrix}
$$

そうしたらこの1を使って同じ列の成分を掃き出す。3行目は固定。3行目を-3倍して2行目に足して、3行目を4倍して1行目に足してあげる。そうすると単位行列が棒の左側にできたからこれが解。

$$
\begin{array}{c}\times 4 \\ {} \\ \times -3 \end{array}
\begin{pmatrix} 1 & 0 & -4 & 5 \\ 0 & 1 & 3 & -1 \\ 0 & 0 & ① & -1 \end{pmatrix}
\longrightarrow
\begin{pmatrix} 1 & 0 & 0 & 1 \\ 0 & 1 & 0 & 2 \\ 0 & 0 & 1 & -1 \end{pmatrix}
\qquad
\therefore
\begin{pmatrix} x \\ y \\ z \end{pmatrix}
=
\begin{pmatrix} 1 \\ 2 \\ -1 \end{pmatrix}
$$

心配ならチェックしようか。連立方程式の第1式に代入してみると、$2\cdot 1+3\cdot 2+(-1)=7$、確かに正しい。他も正しそうだよね。

解　答

$$
\begin{pmatrix} 2 & 3 & 1 & 7 \\ 1 & 1 & -1 & 4 \\ 3 & 1 & -1 & 6 \end{pmatrix}
\longrightarrow
\begin{pmatrix} 1 & 1 & -1 & 4 \\ 2 & 3 & 1 & 7 \\ 3 & 1 & -1 & 6 \end{pmatrix}
\longrightarrow
\begin{pmatrix} 1 & 1 & -1 & 4 \\ 0 & 1 & 3 & -1 \\ 0 & -2 & 2 & -6 \end{pmatrix}
$$

$$
\longrightarrow
\begin{pmatrix} 1 & 0 & -4 & 5 \\ 0 & 1 & 3 & -1 \\ 0 & 0 & 8 & -8 \end{pmatrix}
\longrightarrow
\begin{pmatrix} 1 & 0 & -4 & 5 \\ 0 & 1 & 3 & -1 \\ 0 & 0 & 1 & -1 \end{pmatrix}
\longrightarrow
\begin{pmatrix} 1 & 0 & 0 & 1 \\ 0 & 1 & 0 & 2 \\ 0 & 0 & 1 & -1 \end{pmatrix}
$$

$$
\therefore
\begin{pmatrix} x \\ y \\ z \end{pmatrix}
=
\begin{pmatrix} 1 \\ 2 \\ -1 \end{pmatrix}
$$

2-2　解が一意に定まらない場合

始めから拡大係数行列を書いておく。

演習問題 2

$$\begin{cases} x - y & = -5 \\ x & + z = -1 \\ 3x + y + 4z = 1 \end{cases} \quad \Longleftrightarrow \quad \begin{pmatrix} 1 & -1 & 0 & -5 \\ 1 & 0 & 1 & -1 \\ 3 & 1 & 4 & 1 \end{pmatrix}$$

解法

まず文字の位置を揃えて、ない文字は空白で開けておく。そして、相当する行列の成分には 0 を入れてやる。

ちょうど対角成分に 1 があるから、これを使って掃き出してあげる。まず、1 行目を固定して、1 行目を 1 倍して 2 行目から引いて、次に 1 行目を 3 倍して 3 行目から引く。次に、2 行目の真ん中の 1 を用いて 1 行目と 3 行目を掃き出してあげる。つまり 2 行目固定で、1 行目に 2 行目を足す。そして、2 行目を 4 倍したものを 3 行目から引くんだね。

この操作をまとめるとこんなふうになるよね。

$$\begin{array}{c} \times(-1) \\ \times(-3) \end{array} \begin{pmatrix} \textcircled{1} & -1 & 0 & -5 \\ 1 & 0 & 1 & -1 \\ 3 & 1 & 4 & 1 \end{pmatrix} \rightarrow \begin{array}{c} \times 1 \\ \\ \times(-4) \end{array} \begin{pmatrix} 1 & -1 & 0 & -5 \\ 0 & \textcircled{1} & 1 & 4 \\ 0 & 4 & 4 & 16 \end{pmatrix} \rightarrow \begin{pmatrix} 1 & 0 & 1 & -1 \\ 0 & 1 & 1 & 4 \\ 0 & 0 & 0 & 0 \end{pmatrix}$$

さて、単位行列を作ろうと思ったんだけど、なんとここに **0 が！**

これは手こずりそうだ。

単位行列にできない場合どうするか？

具体例を使って説明していくね。

全部 0 である行を除いて、次のように階段を作ってあげる。

$$\begin{pmatrix} 1 & 0 & 1 & -1 \\ 0 & 1 & 1 & 4 \\ 0 & 0 & 0 & 0 \end{pmatrix} \text{階数2}$$

そのときの段数を**階数（rank）**というんだった（☞第7講）。そして次のように考えていく。

単位行列をうまく作れない問題に当たったら、まずこれ！

ここがPOINT（1）！

単位行列が作れないとき ➡ 階数を調べる

（未知数の個数）－（拡大係数行列の階数）
＝（おく任意定数の数）

この拡大係数行列をもう一度連立方程式の形に書き直すと、3行目からは何も式が得られないことがわかる。

$$\begin{pmatrix} 1 & 0 & 1 & -1 \\ 0 & 1 & 1 & 4 \\ 0 & 0 & 0 & 0 \end{pmatrix} \quad\Longleftrightarrow\quad \begin{cases} x \quad +z=-1 \\ \quad y+z= 4 \\ \end{cases}$$

得られた連立方程式から z だけの式を作ろうとしてもできない。どうしても未知数が2個残ってしまう。つまり、解が一意に定まらないんだね。

こういうときは、好きな文字でいいから任意定数をおくんだった。ここでは文字 z を選んで任意定数を s として

$$z=s$$

とおく。そしてベクトルで答えを書く。

$$\begin{cases} x=-1-s \\ y=\quad 4-s \\ z=\qquad s \end{cases}$$

共通の s を前に出し、答えをベクトルの形で書く。

$$\therefore \begin{pmatrix} x \\ y \\ z \end{pmatrix} = \begin{pmatrix} -1 \\ 4 \\ 0 \end{pmatrix} + s \begin{pmatrix} -1 \\ -1 \\ 1 \end{pmatrix} \qquad (s \text{ は任意の実数})$$

これどういう意味かというと、s がどんな数でも連立方程式の解になりますよっていう意味。つまり、元々条件がゆるゆるの連立方程式だったということ。

s は任意だから、例えば $s=0$ でもいいね。このとき、$\begin{pmatrix} x \\ y \\ z \end{pmatrix} = \begin{pmatrix} -1 \\ 4 \\ 0 \end{pmatrix}$ にな

るんだけど、もとの連立方程式に代入してみると、一番上の式 $x-y=-5$ だと、$(-1)-4=-5$ ってなるから成り立ってるね。他の2式も全部成り立つことはすぐに確かめられる。慎重な人は、もう一つ別の値でやってみれば

いい。例えば $s=1$ のときは $\begin{pmatrix} x \\ y \\ z \end{pmatrix} = \begin{pmatrix} -1 \\ 4 \\ 0 \end{pmatrix} + \begin{pmatrix} -1 \\ -1 \\ 1 \end{pmatrix} = \begin{pmatrix} -2 \\ 3 \\ 1 \end{pmatrix}$ となるから、

これもまた代入してみて…合ってるよね（確かめてみてね）。こんなふうに s が何でもいいっていうのがこの問題の答え。

解　答

$$\begin{pmatrix} 1 & -1 & 0 & -5 \\ 1 & 0 & 1 & -1 \\ 3 & 1 & 4 & 1 \end{pmatrix} \Rightarrow \begin{pmatrix} 1 & -1 & 0 & -5 \\ 0 & 1 & 1 & 4 \\ 0 & 4 & 4 & 16 \end{pmatrix} \Rightarrow \begin{pmatrix} 1 & 0 & 1 & -1 \\ 0 & 1 & 1 & 4 \\ 0 & 0 & 0 & 0 \end{pmatrix}$$

$$z=s \text{ とおく}$$

$$\begin{cases} x\ +z=-1 \\ y+z=\ 4 \end{cases} \longleftrightarrow \begin{cases} x=-1-s \\ y=\ \ 4-s \\ z=\ \ \ \ \ s \end{cases} \quad \therefore \begin{pmatrix} x \\ y \\ z \end{pmatrix} = \begin{pmatrix} -1 \\ 4 \\ 0 \end{pmatrix} + s \begin{pmatrix} -1 \\ -1 \\ 1 \end{pmatrix}$$

$$(s \text{ は任意の実数})$$

ここまでの解法を確認するよ。未知数の個数から拡大係数行列の階数を引いてあげて、0だったら解は一意に決まるんだけど（☞ 演習問題 1 ）、0でない場合は、この値が任意定数の数になっている（☞ 演習問題 2 ）。 演習問題 2 では任意定数が1つなので、好きな文字を1つ任意定数に変えて答えを表現したということ。

これが、係数行列を単位行列に変形できない場合の問題の解き方。

2-3 解が存在しない場合

では、次の問題。

演習問題 3

$$\begin{cases} 2x- y+ z=-1 \\ 4x-2y+2z=7 \\ -6x+3y-3z=3 \end{cases} \Longleftrightarrow \left(\begin{array}{ccc|c} 2 & -1 & 1 & -1 \\ 4 & -2 & 2 & 7 \\ -6 & 3 & -3 & 3 \end{array}\right)$$

解法

1列目に1がないときは、普通は1行目を2で割ったりして強引に1を作り出すんだけど、今回は別のやり方をしてみようか。

1行目の2倍を2行目から引き算して、1行目の3倍を3行目に足すと次のようになる。

$$\begin{array}{c} {\scriptstyle \times -2} \\ {\scriptstyle \times 3} \end{array} \left(\begin{array}{ccc|c} 2 & -1 & 1 & -1 \\ 4 & -2 & 2 & 7 \\ -6 & 3 & -3 & 3 \end{array}\right) \longrightarrow \left(\begin{array}{ccc|c} 2 & -1 & 1 & -1 \\ 0 & 0 & 0 & 9 \\ 0 & 0 & 0 & 0 \end{array}\right)$$

これ、もう**単位行列にはできない**よね。

ここで階数を見てみよう。係数行列の階数は1、拡大係数行列の階数は2になってるね。**演習問題 2** では、係数行列と拡大係数行列の階数は一致していたことを確認してほしい。

係数行列を A、拡大係数行列を Ab と書くことにすると、これらの階数と連立方程式の解の間にはこんな関係があったね（☞第7講）。

ここがPOINT(2)！

rank $(A) <$ rank (Ab) なら解なし

係数行列の階数 1　←　違う!!

拡大係数行列の階数 2

いま考えている問題では、rank $(A)=1$, rank $(Ab)=2$ だから解なし。

　ここで、どうしてこれで解なしになるのかも思い出そう。連立方程式に戻って考えると、2行目の $(0\ \ 0\ \ 0\,|\,9)$ は

$$0\cdot x+0\cdot y+0\cdot z=9$$

を意味するんだけど、これ、左辺は絶対に0になるから矛盾してるよね。つまり、これをみたす x、y、z は存在しない、解がありませんって言ってるんだ。解がないということと行列の関係は、しっかり押さえておいてね。

解　答

$$\begin{pmatrix} 2 & -1 & 1 & -1 \\ 4 & -2 & 2 & 7 \\ -6 & 3 & -3 & 3 \end{pmatrix} \implies \begin{pmatrix} 2 & -1 & 1 & -1 \\ 0 & 0 & 0 & 9 \\ 0 & 0 & 0 & 0 \end{pmatrix}$$

rank $(A)<$ rank (Ab) なら解なし

2-4 未知数と式の個数が違う場合
（係数行列が正方行列でない場合）

演習問題 4

$$\begin{cases} x+y \phantom{{}+2z} = 2 \\ x+y+2z = 4 \end{cases} \quad \Longleftrightarrow \quad \begin{pmatrix} 1 & 1 & 0 & | & 2 \\ 1 & 1 & 2 & | & 4 \end{pmatrix}$$

解法

今までと同じように、1（赤丸で囲っておく）を使って掃き出していく。まずは1行目固定で、1行目を1倍して2行目から引く。そして2行目を2で割るとこうなる。

$$\overset{\times(-1)}{\curvearrowleft}\begin{pmatrix} \textcircled{1} & 1 & 0 & | & 2 \\ 1 & 1 & 2 & | & 4 \end{pmatrix} \longrightarrow \begin{pmatrix} 1 & 1 & 0 & | & 2 \\ 0 & 0 & 2 & | & 2 \end{pmatrix} \underset{\div\,2}{\longrightarrow} \begin{pmatrix} 1 & 1 & 0 & | & 2 \\ 0 & 0 & 1 & | & 1 \end{pmatrix}$$

拡大係数行列の階数と係数行列の階数は2と2で同じだから、不定解でも何かしら解をもつのは確か。ここで、未知数の個数が3だから、先程のPOINT（2）より、3－2＝1で、任意定数を1個おく必要がある。

このことを確認するために上の計算で出てきた最後の行列を連立方程式の形に直すと、

$$\begin{cases} x+y = 2 \\ z = 1 \end{cases}$$

嬉しいことに、z はもう決まってるね。任意定数をおくとしたら、x か y かどっちか好きな方でいいから y にしようか。

$$y = s$$

とおく。すると連立方程式の解は、

$$\begin{cases} x = 2-s \\ y = s \\ z = 1 \end{cases}$$

209

答えはベクトル表現で書くのがカッコいいから

$$\begin{pmatrix} x \\ y \\ z \end{pmatrix} = \begin{pmatrix} 2 \\ 0 \\ 1 \end{pmatrix} + s \begin{pmatrix} -1 \\ -1 \\ 0 \end{pmatrix} \qquad (s \text{ は任意の実数})$$

これが答え。

 s に何を入れても今回の連立方程式の解になっている。3つの未知数があるくせに式が2つしかなかったからこそ、その制限の緩さが任意定数に現れてるんだね。

解 答

$$\begin{pmatrix} 1 & 1 & 0 & | & 2 \\ 1 & 1 & 2 & | & 4 \end{pmatrix} \longrightarrow \begin{pmatrix} 1 & 1 & 0 & | & 2 \\ 0 & 0 & 2 & | & 2 \end{pmatrix} \longrightarrow \begin{pmatrix} 1 & 1 & 0 & | & 2 \\ 0 & 0 & 1 & | & 1 \end{pmatrix}$$

$y = s$ とおく

$$\begin{cases} x + y = 2 \\ z = 1 \end{cases} \longleftrightarrow \begin{cases} x = 2 - s \\ y = s \\ z = 1 \end{cases} \qquad \therefore \begin{pmatrix} x \\ y \\ z \end{pmatrix} = \begin{pmatrix} 2 \\ 0 \\ 1 \end{pmatrix} + s \begin{pmatrix} -1 \\ -1 \\ 0 \end{pmatrix}$$

$(s \text{ は任意の実数})$

　この講義の最後に解法をまとめておこう。行基本変形を使ってなるべく簡単な形に行列を帰着させていく。そして、最後に出てきた行列を連立方程式に焼き直し、p.205 POINT (1) より任意定数の個数を求める。

テスト対策講義Ⅱ 行列式の求め方

幸運は自分でつかみ取れ！
第8、9講対応

⏸ ⏭ 🔊 16/19

1. 復習

1-1 2次以下の行列式

行列式というのは、正方行列に対して定義されるものだったね。正方行列を $n \times n$ 行列と書くと次数がわかりやすい。行列式の計算方法を次数が小さいものから見ていこう。

● 1×1行列

一番小さいのは $n = 1$ の場合。1×1 行列というのは、成分を1個だけもつ行列なんだけど普段あまり見ないものだね。この行列を A とおいて、成分を a とすると、こんなふうに書ける。

$$A = (a)$$

この場合、行列 A の行列式 $|A|$ はごく簡単。a、これだけね。

一瞬ドキッとするかもしれないけど、成分がそのまま抜き出されるだけ。

> ▶❚❚ $n = 1$ のときの行列式
>
> $A = (a)$ のとき $\quad |A| = a$

● 2 × 2 行列

2×2 行列 A は 4 つの成分を a, b, c, d としてこんなふうに書けるね。

$$A = \begin{pmatrix} a & b \\ c & d \end{pmatrix}$$

2×2 行列の行列式も、計算はとても簡単。右下に向かう対角成分はそのままかけ合わせて $+ad$、右上から左下に向かう成分は (-1) 倍してかけ合わせて $-bc$。これらの和 $ad - bc$ が行列式の値。ちょうど行列をクロスするイメージだね。

▶❚❚ **n = 2 のときの行列式**

$$A = \begin{pmatrix} a & b \\ c & d \end{pmatrix} \quad \text{のとき} \quad |A| = ad - bc$$

1 つだけ念のために例をやっておこうか。

example

$$A = \begin{pmatrix} 1 & 3 \\ 4 & 2 \end{pmatrix} \quad \text{の行列式を求めよ。}$$

$$|A| = 1 \times 2 - 3 \times 4 = 2 - 12 = -10$$

> 行列式の記号 $|A|$ は絶対値にすごく似てるけど、全く関係のない記号だから、−の値になっても気にしなくていいからね。行列式は負にもなりうる！

● 3 × 3 以上の行列

n が 3 以上の場合は急に複雑になる。ここでは**余因子展開**というやり方で統一するとしよう。これは一度習ってもなかなか身につきにくいものだと思うので、復習しながら進めていくね。

そういえば、3×3 の行列式を求めるときに他の方法も習ったって思うんじゃないかな。

ネット用語みたいな

⋮

晒す？

⋮

晒す（サラス）の公式だ

ファボゼロのボケすんな！

そう、**サラスの公式**を習ったかもしれないけど、これは 3×3 のときしか使えない公式で、しかもこれ使っても計算がそんなに速くならないんだね。

だから、もう 3 次以上の行列は余因子展開を使っていくって決めよう。

1-2 余因子展開

一般的な余因子展開の式はすごく複雑だから、ここでは実際のやり方を説明していくね。

ここでは 3×3 行列の場合で話していくけど、計算方法は何次になっても一緒です。

example

$$\begin{vmatrix} a_{11} & a_{12} & a_{13} \\ a_{21} & a_{22} & a_{23} \\ a_{31} & a_{32} & a_{33} \end{vmatrix}$$

まずはその日の気分でもいいから、好きな行か好きな列を1つ選ぶ。今回は1行目を選ぶことにしよう。

つまり、$a_{11} \to a_{12} \to a_{13}$ の順番で展開していく。

最初は a_{11} について。

この部分についての**小行列式**を考える。これは a_{11} が入ってる行と列（1行と1列）を除いた部分の行列式だったね。

これに (-1) の累乗のおまけをつけたものを $(1, 1)$ 成分の**余因子**といったね。実際に (-1) を何乗するかというと、いま考えてる成分が (i, j) 成分だったら $i+j$ 乗。つまり今回は $(1, 1)$ 成分を考えているから、$(-1)^{1+1}$ でいいね。

この余因子に、いま除いていた a_{11} をかけたものを書いておく。これは途中だからまだ続くよ。

$$\begin{vmatrix} a_{11} & a_{12} & a_{13} \\ a_{21} & a_{22} & a_{23} \\ a_{31} & a_{32} & a_{33} \end{vmatrix} = a_{11}(-1)^{1+1}\begin{vmatrix} a_{22} & a_{23} \\ a_{32} & a_{33} \end{vmatrix} + \boxed{}$$

次に、a_{12} について。

a_{12} は $(1, 2)$ 成分だからおまけは $(-1)^{1+2}$、a_{12} の入った行と列を除いた小

行列式は $\begin{vmatrix} a_{11} & a_{12} & a_{13} \\ a_{21} & a_{22} & a_{23} \\ a_{31} & a_{32} & a_{33} \end{vmatrix} \Rightarrow \begin{vmatrix} a_{21} & a_{23} \\ a_{31} & a_{33} \end{vmatrix}$ だから、これに a_{12} をかけたものを書

いておく。これもまだ途中ね。

$$\begin{vmatrix} a_{11} & a_{12} & a_{13} \\ a_{21} & a_{22} & a_{23} \\ a_{31} & a_{32} & a_{33} \end{vmatrix} = a_{11}(-1)^{1+1}\begin{vmatrix} a_{22} & a_{23} \\ a_{32} & a_{33} \end{vmatrix} + a_{12}(-1)^{1+2}\begin{vmatrix} a_{21} & a_{23} \\ a_{31} & a_{33} \end{vmatrix} + \boxed{}$$

a_{13} についても同じように、1行3列にある a_{13} と、小行列、余因子を求めてかけ合わせる。これをさらに足し合わせたものが、第1行についての余因

子展開だったね。

$$
\begin{vmatrix} a_{11} & a_{12} & a_{13} \\ a_{21} & a_{22} & a_{23} \\ a_{31} & a_{32} & a_{33} \end{vmatrix}
$$

$$
= a_{11}(-1)^{1+1}\begin{vmatrix} a_{22} & a_{23} \\ a_{32} & a_{33} \end{vmatrix} + a_{12}(-1)^{1+2}\begin{vmatrix} a_{21} & a_{23} \\ a_{31} & a_{33} \end{vmatrix} + a_{13}(-1)^{1+3}\begin{vmatrix} a_{21} & a_{22} \\ a_{31} & a_{32} \end{vmatrix}
$$

　これが4×4になってもやり方は同じ。ただ、この場合は計算の過程で出てくる小行列式自体が3×3の計算になるから、より計算量が増えるんだけど、そこは辛抱強く計算していこう。

●余因子展開をもっと楽にやるコツ
　ここで

　　　　「余因子展開使ってもやっぱりめんどくさいじゃないか！」

って思わない？
　確かに式だけ見たらすごくややこしいよね。ただ、普段の行いがよかったら（？）、テストで出る問題が偶然にも a_{11} とか a_{13} が0だったりするかもよ？

　　　　　　そうしたらラッキー〜♪

　a_{11} が0だからかけ算したら第1項がなくなるし、a_{13} が0だとしたら、第3項がなくなるから、計算がすごく楽になるんだ。こういうのを**ラッキー行列**って呼ぼう（もちろん造語だよ！）。

もしテストでラッキー行列が出たら、試験受けながら、
thank you 教授！
って思いながらやればいいんだけれども、
普通はそんなにいいことは起こらない。

その場合どうしたらいいかっていうことを、いまから説明しよう。

じつは行列式の性質を使って、注目している行や列の成分に 0 を自ら作り出すことができるんだ。

つまり、余因子展開を実行する前に自分でラッキー行列を作ってしまえばいい。**幸運は自らの手でつかみ取らないとね！**

ここで使う性質は次の 2 つ。

> ### ここがPOINT!
>
> **余因子展開する前の操作**
>
> ①ある行（列）を c 倍すると、その行列式も c 倍になる
>
> ②ある行（列）の c 倍を他の行（列）に加えても、行列式の値は変らない

①から簡単に説明するね。これはたとえば次のように、行列式のある行を c 倍すると、行列式全体の値が c 倍されるということ。つまり c でくくれるということだね。

$$\begin{vmatrix} a_{11} & a_{12} & a_{13} \\ ca_{21} & ca_{22} & ca_{23} \\ a_{31} & a_{32} & a_{33} \end{vmatrix} = c \begin{vmatrix} a_{11} & a_{12} & a_{13} \\ a_{21} & a_{22} & a_{23} \\ a_{31} & a_{32} & a_{33} \end{vmatrix}$$

> 普通の行列を c 倍することは全成分を c 倍することになるから気をつけて！
>
> $$c \begin{pmatrix} a_{11} & a_{12} & a_{13} \\ a_{21} & a_{22} & a_{23} \\ a_{31} & a_{32} & a_{33} \end{pmatrix} = \begin{pmatrix} ca_{11} & ca_{12} & ca_{13} \\ ca_{21} & ca_{22} & ca_{23} \\ ca_{31} & ca_{32} & ca_{33} \end{pmatrix}$$

次に②（☞ p.107 多重線形性）だけども、文面を見ただけではよくわからないから、具体例を通して納得していこう。数学を勉強するときってそういうのも大事だからね。

ここまでの話をまとめると、余因子展開を楽にやるコツは、これらの 2 つの性質を使ってラッキー行列にしてからやるということなんだ。それでは、ここで話したことを具体的な問題でやってみよう。

2. 問題演習

演習問題 1 次の行列の行列式を求めよ。

$$\begin{pmatrix} 2 & 1 & 3 \\ -1 & 5 & 2 \\ 4 & 1 & -1 \end{pmatrix}$$

最初にやってほしいのは、行列の成分から 1 を探すこと。

この問題では 2 つあるけど、好きなものを選ぶ。その 1 を基準にして、他の行や列の成分を 0 にしてくのね。つまりラッキー行列に変えていく。今回は赤で色をつけた 1 を選んで、その下の 5 と 1 を 0 に変えていこう。

$$\begin{vmatrix} 2 & 1 & 3 \\ -1 & 5 & 2 \\ 4 & 1 & -1 \end{vmatrix}$$

まず、2 行目の 5 を消すために 1 行目の 5 倍を 2 行目から引くと、2 行目は $-11\ 0\ -13$ となる。次に 3 行目の 1 を消すために 1 行目を 3 行目から引けば、3 行目は $2\ 0\ -4$ となる。1 行目は何も変わらない。そうすると、

$$\begin{vmatrix} 2 & 1 & 3 \\ -1 & 5 & 2 \\ 4 & 1 & -1 \end{vmatrix} = \begin{vmatrix} 2 & 1 & 3 \\ -11 & 0 & -13 \\ 2 & 0 & -4 \end{vmatrix}$$

ラッキー行列♪

こういう操作をやっても行列式の値は変らないというのが p.216 の POINT ②ね。

そうすると、真ん中の列に 0 が並ぶ**ラッキー行列**になったよね。

こうなったらもちろん余因子展開は第 2 列について行っていく。一番上の 1 は、1 行 2 列にあるから、$(-1)^{1+2}$ と小行列式をかけ算すればいい。1 を含む行と列を除いた部分の小行列式は $\begin{vmatrix} -11 & -13 \\ 2 & -4 \end{vmatrix}$。2 列目の他の成分は全部 0 だから書くまでもないね。

そうすると、2列目における余因子展開はこうなる。

$$\begin{vmatrix} 2 & 1 & 3 \\ -1 & 5 & 2 \\ 4 & 1 & -1 \end{vmatrix} = \begin{vmatrix} 2 & 1 & 3 \\ -11 & 0 & -13 \\ 2 & 0 & -4 \end{vmatrix} = 1 \cdot (-1)^{1+2} \cdot \begin{vmatrix} -11 & -13 \\ 2 & -4 \end{vmatrix}$$

あとは 2×2 の行列式の公式を使って、簡単に計算できる。

$$= -\ (44 + 26) = -70$$

 実際に余因子展開をする前に、各成分を 0 にしておくと楽でしょ。
まぁこういうのも掃き出すっていうんだ。

解　答

$$\begin{vmatrix} 2 & ① & 3 \\ -1 & 5 & 2 \\ 4 & 1 & -1 \end{vmatrix} = \begin{vmatrix} 2 & 1 & 3 \\ -11 & 0 & -13 \\ 2 & 0 & -4 \end{vmatrix} = 1 \cdot (-1)^{1+2} \cdot \begin{vmatrix} -11 & -13 \\ 2 & -4 \end{vmatrix}$$

$$= -\ (44 + 26) = -70$$

演習問題 2 にいく前に行列式の求め方をまとめておくね。

3×3 以上の行列には余因子展開を用いる。 そして、それをそのまま実行するのではなく、**行列式の性質を利用して自らラッキー行列を作り出すこと。**

そうすれば余因子展開したときに出てくる項はたったの 1 個だからね。このとき出てきた項は、次数が 1 つ下がった行列式になる。もし、6×6 のような高次の行列式が出てきたら、余因子展開を 1 回して 5 次にして、もう 1 回やって 4 次にして、3 次にして…とやっていって、2 次になったら公式を使っておしまい。

▶‖ まとめ

　　3×3 以上の行列には余因子展開を用いる。

　　行列式の性質を利用してラッキー行列を作り出す。

　　余因子展開を繰り返し 2×2 まで次数を落とす。

演習問題 **2**　次の行列の行列式を求めよ。

$$\begin{pmatrix} 2 & -2 & 4 & 2 \\ 2 & -1 & 6 & 3 \\ 3 & -2 & 12 & 12 \\ -1 & 3 & -4 & 4 \end{pmatrix}$$

解法

　ここでも、最初にすることは 1 を探すことね。4×4 の行列って成分が 16 個もあるから、

絶対 1 は見つかるよ！　なかったら土下座するわ

　　⋮

なかったら土下座するわ

　　⋮

土下座中 m(＿＿)m

　1 がないときもある。その場合どうするかっていうと、1 を作り出す。

　成分に 1 をもつ行列がテストに出るまで再履修するっていうのもいいけど…

　具体的には、p.216 POINT の性質①を使う。パッと浮かぶ方法が、4 行目を −1 でくくって外に出す方法。そうすれば 1 が作れるね。

$$\begin{vmatrix} 2 & -2 & 4 & 2 \\ 2 & -1 & 6 & 3 \\ 3 & -2 & 12 & 12 \\ -1 & 3 & -4 & 4 \end{vmatrix} = \begin{vmatrix} 2 & -2 & 4 & 2 \\ 2 & -1 & 6 & 3 \\ 3 & -2 & 12 & 12 \\ (-1)\cdot1 & (-1)\cdot(-3) & (-1)\cdot4 & (-1)\cdot(-4) \end{vmatrix} = -1\cdot\begin{vmatrix} 2 & -2 & 4 & 2 \\ 2 & -1 & 6 & 3 \\ 3 & -2 & 12 & 12 \\ 1 & -3 & 4 & -4 \end{vmatrix}$$

　行列式の場合は，ある行(列)の k 倍が全体の k 倍になることに注意！

　これでもいいんだけど、もっといい方法があるんだ。

219

1行目を2で割れば、左端の2が1になる。1行の成分は全部2を因数にもつからね。

こうすると1行目の数は小さくなる。数が小さいほうが計算ミスしにくいね。

$$\begin{vmatrix} 2 & -2 & 4 & 2 \\ 2 & -1 & 6 & 3 \\ 3 & -2 & 12 & 12 \\ -1 & 3 & -4 & 4 \end{vmatrix} = 2\begin{vmatrix} 1 & -1 & 2 & 1 \\ 2 & -1 & 6 & 3 \\ 3 & -2 & 12 & 12 \\ -1 & 3 & -4 & 4 \end{vmatrix}$$

ここからは今までと同じように、この1を使ってこの行か列の他の成分を0にしていく。今回は行にしようか。1行目を 1 0 0 0 にしていくよ。

1列目を1倍して2列目に足すと、2列目は $\begin{smallmatrix} 0 \\ 1 \\ 1 \\ 2 \end{smallmatrix}$ になるね。そして3列目の

2を消すためには1列目を2倍して引けばいい。そうすると3列目は $\begin{smallmatrix} 0 \\ 2 \\ 6 \\ -2 \end{smallmatrix}$ と

なる。あとは、4列目から1列目を引けば、4列目は $\begin{smallmatrix} 0 \\ 1 \\ 9 \\ 5 \end{smallmatrix}$ になる。

ラッキー行列

$$2\begin{vmatrix} 1 & -1 & 2 & 1 \\ 2 & -1 & 6 & 3 \\ 3 & -2 & 12 & 12 \\ -1 & 3 & -4 & 4 \end{vmatrix} = 2\begin{vmatrix} 1 & 0 & 0 & 0 \\ 2 & 1 & 2 & 1 \\ 3 & 1 & 6 & 9 \\ -1 & 2 & -2 & 5 \end{vmatrix}$$

これが**ラッキー行列**だね。

幸せは自分で勝ち取る（名言）。

余因子展開はもちろん第1行について行っていけばいい。

$$2\begin{vmatrix} 1 & 0 & 0 & 0 \\ 2 & 1 & 2 & 1 \\ 3 & 1 & 6 & 9 \\ -1 & 2 & -2 & 5 \end{vmatrix} = 2 \cdot (-1)^{1+1} \cdot 1 \cdot \begin{vmatrix} 1 & 2 & 1 \\ 1 & 6 & 9 \\ 2 & -2 & 5 \end{vmatrix}$$

これで3×3の行列式になったから、もう一回余因子展開すればいい。でも、これもラッキー行列にしてから、余因子展開しよう。

　左端の1に注目することにして、赤字で強調しておくね。これを使って行か列を0にしていくんだけど、今度は列にしようか。つまり1の下の1と2を0にする。1行目は固定ね。2行目から1行目を引くと2行目は0 4 8。あとは、1行目の2倍を3行目から引くと、3行目は0 −6 3　になる。

ラッキー行列！

$$2 \cdot (-1)^{1+1} \cdot 1 \cdot \begin{vmatrix} 1 & 2 & 1 \\ 1 & 6 & 9 \\ 2 & -2 & 5 \end{vmatrix} = 2 \begin{vmatrix} 1 & 2 & 1 \\ 0 & 4 & 8 \\ 0 & -6 & 3 \end{vmatrix}$$

だから、今度は1列目で余因子展開していけばいい。

$$= 2 \begin{vmatrix} 1 & 2 & 1 \\ 0 & 4 & 8 \\ 0 & -6 & 3 \end{vmatrix} = 2 \cdot (-1)^{1+1} \cdot 1 \cdot \begin{vmatrix} 4 & 8 \\ -6 & 3 \end{vmatrix} = 2(12+48) = 120$$

　このように、4×4の行列式計算の場合は、まず1度余因子展開して3×3に次数を落とし、もう1度余因子展開して2×2の行列式計算に持ち込めばいい。実際に展開を実行する前のラッキー行列にする作業も忘れずにね。

解　答

$$\begin{vmatrix} 2 & -2 & 4 & 2 \\ 2 & -1 & 6 & 3 \\ 3 & -2 & 12 & 12 \\ -1 & 3 & -4 & 4 \end{vmatrix} = 2 \begin{vmatrix} 1 & -1 & 2 & 1 \\ 2 & -1 & 6 & 3 \\ 3 & -2 & 12 & 12 \\ -1 & 3 & -4 & 4 \end{vmatrix} = 2 \begin{vmatrix} 1 & 0 & 0 & 0 \\ 2 & 1 & 2 & 1 \\ 3 & 1 & 6 & 9 \\ -1 & 2 & -2 & 5 \end{vmatrix}$$

$$= 2 \cdot (-1)^{1+1} \cdot 1 \cdot \begin{vmatrix} 1 & 2 & 1 \\ 1 & 6 & 9 \\ 2 & -2 & 5 \end{vmatrix} = 2 \begin{vmatrix} 1 & 2 & 1 \\ 0 & 4 & 8 \\ 0 & -6 & 3 \end{vmatrix}$$

$$= 2 \cdot (-1)^{1+1} \cdot 1 \cdot \begin{vmatrix} 4 & 8 \\ -6 & 3 \end{vmatrix} = 2(12+48) = 120$$

あれもこれも掃き出し法！
第 10、11 講対応

∥ ▶∣ ◀◉ 17/19

1. 復習

　逆行列っていうのは、ある行列にもう 1 つ何か行列をかけた結果が単位行列になってるような行列をいうんだったね。こういう行列を求める方法が、今回のテーマである、逆行列の求め方ってやつね。

$$\begin{pmatrix} ? \end{pmatrix} \begin{pmatrix} 1 & 2 \\ 3 & 4 \end{pmatrix} = \begin{pmatrix} 1 & 0 \\ 0 & 1 \end{pmatrix}$$

　いま、ここに適当な例として 2×2 の例を書いたけど、今回の授業のメインは 3×3 以上のサイズの逆行列の求め方になります。2×2 の場合はすごく簡単で、3×3 から少しハードになってくるからね。

● 2×2 の場合

　これは、公式を覚えてくれさえすれば簡単に求められる。行列 A の逆行列を A^{-1}（A インバース）って表したね。A^{-1} はこんなふうに書けた。

> 対角成分ひっくり返して
> 非対角成分符号変化

▶∥ 2×2 行列の場合の逆行列

$$A = \begin{pmatrix} a & b \\ c & d \end{pmatrix} \quad \text{のとき} \quad A^{-1} = \frac{1}{\underline{ad - bc}} \begin{pmatrix} d & -b \\ -c & a \end{pmatrix}$$

A の行列式（determinant）

復習のために1題やっておこうか。

example 1

$$A = \begin{pmatrix} 1 & 3 \\ 5 & 2 \end{pmatrix} \quad \text{のとき、} \quad A^{-1} = \frac{1}{2-15} \begin{pmatrix} 2 & -3 \\ -5 & 1 \end{pmatrix} = \frac{1}{-13} \begin{pmatrix} 2 & -3 \\ -5 & 1 \end{pmatrix}$$

● 3×3 以上の場合

ここからは、逆行列を計算する効率の良い方法を話していくね。

サイズの大きい行列に関しては、**掃き出し法**がおススメ！

他にも余因子行列 $\tilde{A}$ を使って

$$A^{-1} = \frac{1}{\det A} \tilde{A}$$

と書く方法もあるんだけど(☞第11講)、実際の計算はかなりハード。

サイズの大きい場合は行列式 $\det A$ を計算すること自体が煩わしいし、余因子行列を計算するのもなかなか大変なんだ。この表現は、数式としてはきれいだけど、実際に逆行列の成分を計算するときにはお勧めできない。

だから今回は掃き出し法に絞ってやっていくね。

> **▶Ⅱ 3×3以上の行列の場合の逆行列の求め方**
>
> **掃き出し法** おススメ！
>
> $$(A \mid E) \xrightarrow{\text{行基本変形}} (E \mid A^{-1})$$

掃き出し法によって A の逆行列を求める方法の流れを復習しよう。

行列 A を左側に配置して、その右側に単位行列を棒を挟んで書いてあげる。そして、これに対して**行基本変形**を行うんだけど、操作しているときは

> ① 2つの行を入れ替える
> ② ある行を c 倍する ($c \neq 0$)
> ③ ある行の c 倍を他の行に加える
> ここでは、行基本変形を行って棒の左側の行列を単位行列にしていく操作が掃き出し法。

単位行列側ではなく A の側に注目する。そして A を単位行列にするために行基本変形を繰り返す。そしてやっと単位行列になったとき、棒の右側に現れるのが、いま求めたい A^{-1} なんだね。

解法のポイント

まず、行列 A を左側に、同じサイズの単位行列を右側に並べて書く。

これを行基本変形していって、左側の行列を単位行列に変化させていくんだけど、むやみにやってもなかなかうまくいかないんだわ。ここでは、復習を兼ねてテスト対策のポイントもしっかり教えるね。

意識しながらやれば、だれでも左側の行列を単位行列にできるというポイントは、これ。

> ## ここがPOINT！
>
> ### 対角成分の 1 を使って他の成分を掃き出す

> 掃き出すというのは、簡単に言うと
> 0 にするということ。

この対角成分の 1 を使って掃き出すという一番大事な部分を、視覚的にイメージしやすく説明していくね。

まずは、行列を 2 つ棒で区切ったようなもの（左側に行列 A、右側に単位行列）を書いて、上から順番に対角成分に無理やり 1 を作り出す。そして、この 1 を使って、同じ列の他の成分を掃き出していくんだった。

そして、隣の列の2行目の対角成分を無理やり1にして、同じ列の成分を掃き出す。

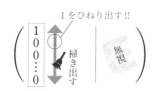

3×3なら3列目での作業が最後だね。4×4だったらここからさらに1列増やせばいいだけ。対角成分を強引に1にして、同じ列をここも1で掃き出していくのが、掃き出し法だった。そうすると、この棒の右側に逆行列が得られると。

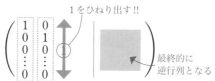

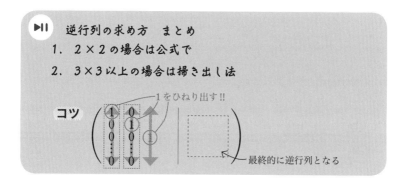

2. 問題演習

3×3 の場合でまず練習しよう。

演習問題 1　行列 A の逆行列を求めよ。

$$A = \begin{pmatrix} 3 & 7 & 9 \\ 2 & 5 & 7 \\ 1 & 3 & 4 \end{pmatrix}$$

解法

まず、行列 A を左側に、同じサイズの単位行列を右側に並べて書く。

$$\left(\begin{array}{ccc|ccc} 3 & 7 & 9 & 1 & 0 & 0 \\ 2 & 5 & 7 & 0 & 1 & 0 \\ 1 & 3 & 4 & 0 & 0 & 1 \end{array} \right)$$

斜め下に向かう行列 A の対角成分は 3　5　4 だね。

一番上の成分から見ていこう。p.224 POINT では「対角成分の 1 を使って」と言ってるんだけど…、1 がないよね。

でも同じ列の一番下に 1 があるから、p.223 で復習した行基本変形の①を使って 1 行目と 3 行目を入れ替えてしまおう。そうすれば嬉しいことに左上に 1 が来る。気をつけなきゃいけないのは、必ず右側の部分もつられて動くってことね。

$$\left(\begin{array}{ccc|ccc} 3 & 7 & 9 & 1 & 0 & 0 \\ 2 & 5 & 7 & 0 & 1 & 0 \\ 1 & 3 & 4 & 0 & 0 & 1 \end{array} \right) \longrightarrow \left(\begin{array}{ccc|ccc} 1 & 3 & 4 & 0 & 0 & 1 \\ 2 & 5 & 7 & 0 & 1 & 0 \\ 3 & 7 & 9 & 1 & 0 & 0 \end{array} \right)$$

今から掃き出し法をやっていく。

> 1 が嬉しいのは、2 倍したら 2 に、1/5 倍したら 1/5 っていうふうに何にでも簡単に化けられること。だから 1 を使えば、その下の 2 を 0 にできるんだ。どうやるかって言うと、1 行目 ×2 を 2 行目から引けばいい。2 だった成分が 0 になるからね。

1の下にある2を消すために、1行目の2倍を2行目から引くという行基本変形を行おう。さらにその下にある3を消すには、1行目の3倍を3行目から引けばいいね。

ここだけ単位行列っぽい

$$\begin{pmatrix} 1 & 3 & 4 & | & 0 & 0 & 1 \\ 2 & 5 & 7 & | & 0 & 1 & 0 \\ 3 & 7 & 9 & | & 1 & 0 & 0 \end{pmatrix} \longrightarrow \begin{pmatrix} 1 & 3 & 4 & | & 0 & 0 & 1 \\ 0 & -1 & -1 & | & 0 & 1 & -2 \\ 0 & -2 & -3 & | & 1 & 0 & -3 \end{pmatrix}$$

そうすると、左側の行列は単位行列にちょっと近づいて、1列目だけ単位行列と同じになった。

じゃ、次にいきましょう。2列目でも同じ操作を行うんだね。対角成分の真ん中の-1を1にしたい。これは、行基本変形の②を使って2行目を-1倍すれば解決だ。そうすると1ができた。

$$\begin{pmatrix} 1 & 3 & 4 & | & 0 & 0 & 1 \\ 0 & -1 & -1 & | & 0 & 1 & -2 \\ 0 & -2 & -3 & | & 1 & 0 & -3 \end{pmatrix} \longrightarrow \begin{pmatrix} 1 & 3 & 4 & | & 0 & 0 & 1 \\ 0 & 1 & 1 & | & 0 & -1 & 2 \\ 0 & -2 & -3 & | & 1 & 0 & -3 \end{pmatrix}$$

もう、完全にパターンが読めてきたね。同じように、この1を使ってその上下の成分を掃き出していく。基準にする2行目はそのまま書いておく。そして、2行を3倍して1行目から引くとその上の3が消えて、さらに2行目の2倍を3行目に足せばその下の-2が消えるね。

$$\begin{pmatrix} 1 & 3 & 4 & | & 0 & 0 & 1 \\ 0 & 1 & 1 & | & 0 & -1 & 2 \\ 0 & -2 & -3 & | & 1 & 0 & -3 \end{pmatrix} \longrightarrow \begin{pmatrix} 1 & 0 & 1 & | & 0 & 3 & -5 \\ 0 & 1 & 1 & | & 0 & -1 & 2 \\ 0 & 0 & -1 & | & 1 & -2 & 1 \end{pmatrix}$$

最後の操作は、対角成分の一番下の成分を1にすること。そのためには第3行を-1倍すればいいね。そうすると1ができるから、これを使って他の成分を掃き出す。もうゴールが見えたね。

$$\begin{pmatrix} 1 & 0 & 1 & | & 0 & 3 & -5 \\ 0 & 1 & 1 & | & 0 & -1 & 2 \\ 0 & 0 & -1 & | & 1 & -2 & 1 \end{pmatrix} \longrightarrow \begin{pmatrix} 1 & 0 & 1 & | & 0 & 3 & -5 \\ 0 & 1 & 1 & | & 0 & -1 & 2 \\ 0 & 0 & 1 & | & -1 & 2 & -1 \end{pmatrix}$$

2行目の1を消すには3行目の1倍を2行目から引いて、1行目の1を消すには3行目の1倍を1行目から引けばいいね。そうすると次のようにな

る。ここで右側に出てきた行列が、求める逆行列になってるんだね。

$$\left(\begin{array}{ccc|ccc} 1 & 0 & 0 & 1 & 1 & -4 \\ 0 & 1 & 0 & 1 & -3 & 3 \\ 0 & 0 & 1 & -1 & 2 & -1 \end{array}\right) \; \longleftarrow \text{逆行列}$$

よって、

$$A^{-1}=\left(\begin{array}{rrr} 1 & 1 & -4 \\ 1 & -3 & 3 \\ -1 & 2 & -1 \end{array}\right)$$

　実際にここは計算ミスしやすいところだと思うけど、単位がかかってると超緊張しちゃうから、なおさらだね。そんなときやってほしいのは、ここで出てきた A^{-1} を A とかけ算してみてチェックすることなんだ。全部の成分でやる必要はないけど、何個かチェックしてそれが単位行列っぽくなかったら、計算ミスだとわかる。そうなれば最初からやり直したらいい。

この問題は検算済みだよ。だからここではチェックしないけど、みんな確認してみてね。

解　答

$$\left(\begin{array}{ccc|ccc} 3 & 7 & 9 & 1 & 0 & 0 \\ 2 & 5 & 7 & 0 & 1 & 0 \\ 1 & 3 & 4 & 0 & 0 & 1 \end{array}\right) \rightarrow \left(\begin{array}{ccc|ccc} 1 & 3 & 4 & 0 & 0 & 1 \\ 2 & 5 & 7 & 0 & 1 & 0 \\ 3 & 7 & 9 & 1 & 0 & 0 \end{array}\right) \rightarrow \left(\begin{array}{ccc|ccc} 1 & 3 & 4 & 0 & 0 & 1 \\ 0 & -1 & -1 & 0 & 1 & -2 \\ 0 & -2 & -3 & 1 & 0 & -3 \end{array}\right) \rightarrow$$

$$\left(\begin{array}{ccc|ccc} 1 & 3 & 4 & 0 & 0 & 1 \\ 0 & 1 & 1 & 0 & -1 & 2 \\ 0 & -2 & -3 & 1 & 0 & -3 \end{array}\right) \rightarrow \left(\begin{array}{ccc|ccc} 1 & 0 & 1 & 0 & 3 & -5 \\ 0 & 1 & 1 & 0 & -1 & 2 \\ 0 & 0 & -1 & 1 & -2 & 1 \end{array}\right) \rightarrow$$

$$\left(\begin{array}{ccc|ccc} 1 & 0 & 1 & 0 & 3 & -5 \\ 0 & 1 & 1 & 0 & -1 & 2 \\ 0 & 0 & 1 & -1 & 2 & -1 \end{array}\right) \rightarrow \left(\begin{array}{ccc|ccc} 1 & 0 & 0 & 1 & 1 & -4 \\ 0 & 1 & 0 & 1 & -3 & 3 \\ 0 & 0 & 1 & -1 & 2 & -1 \end{array}\right)$$

$$\therefore A^{-1}=\left(\begin{array}{rrr} 1 & 1 & -4 \\ 1 & -3 & 3 \\ -1 & 2 & -1 \end{array}\right) \blacksquare$$

行列 A の逆行列を求めよ。

$$A = \begin{pmatrix} 1 & -2 & 1 \\ -5 & -2 & 1 \\ 1 & 3 & 1 \end{pmatrix}$$

これは 演習問題 1 と同じ 3×3 行列なんだけど、計算が煩雑になるタイプ。この問題を通じて自信をつけてほしいと思います。

解法

$$\left(\begin{array}{ccc|ccc} 1 & -2 & 1 & 1 & 0 & 0 \\ -5 & -2 & 1 & 0 & 1 & 0 \\ 1 & 3 & 1 & 0 & 0 & 1 \end{array} \right)$$

まず対角成分の一番上の場所に 1 をひねり出したいんだけど、ここはラッキーなことに 1 になってる。この 1 を使って掃き出していこう。実際に計算するときには、基準になる行を先に書いてしまったほうが計算は少なくなる。

そうしたら、第 1 行の 5 倍したものを 2 行目に足す。さらに、第 1 行の 1 倍を 3 行目から引けばいいから、こんなふうになる。

(固定)

$$\left(\begin{array}{ccc|ccc} 1 & -2 & 1 & 1 & 0 & 0 \\ -5 & -2 & 1 & 0 & 1 & 0 \\ 1 & 3 & 1 & 0 & 0 & 1 \end{array} \right) \longrightarrow \left(\begin{array}{ccc|ccc} 1 & -2 & 1 & 1 & 0 & 0 \\ 0 & -12 & 6 & 5 & 1 & 0 \\ 0 & 5 & 0 & -1 & 0 & 1 \end{array} \right)$$

1 列目だけ単位行列になったから、次に見るのは 2 列目の -12 の部分だね。行を入れ替えるだけでは 1 にならないから、行基本変形②を使って 2 行目を -12 で割るしかない。

$$\left(\begin{array}{ccc|ccc} 1 & -2 & 1 & 1 & 0 & 0 \\ 0 & -12 & 6 & 5 & 1 & 0 \\ 0 & 5 & 0 & -1 & 0 & 1 \end{array} \right) \longrightarrow \left(\begin{array}{ccc|ccc} 1 & -2 & 1 & 1 & 0 & 0 \\ 0 & 1 & -\dfrac{1}{2} & -\dfrac{5}{12} & -\dfrac{1}{12} & 0 \\ 0 & 5 & 0 & -1 & 0 & 1 \end{array} \right)$$

これから 2 行目にできた 1 を使って掃き出していく。基準になる 2 行目をあらかじめ書いておいて、それから 2 行目を 2 倍して 1 行目に足す。そして、2 行目を 5 倍して 3 行から引く。

$$\begin{pmatrix} 1 & -2 & 1 & 1 & 0 & 0 \\ 0 & 1 & -\dfrac{1}{2} & -\dfrac{5}{12} & -\dfrac{1}{12} & 0 \\ 0 & 5 & 0 & -1 & 0 & 1 \end{pmatrix} \xrightarrow{\text{固定}} \begin{pmatrix} 1 & 0 & 0 & \dfrac{1}{6} & -\dfrac{1}{6} & 0 \\ 0 & 1 & -\dfrac{1}{2} & -\dfrac{5}{12} & -\dfrac{1}{12} & 0 \\ 0 & 0 & \dfrac{5}{2} & \dfrac{13}{12} & \dfrac{5}{12} & 1 \end{pmatrix}$$

　最後に対角成分の3列目を見る。ここを1にしたかったら、3行目を2/5倍してやればいい。他の成分が分数になってしまったりして面倒だけども、無理やり1をひねり出すためには仕方ないんだ。

$$\begin{pmatrix} 1 & 0 & 0 & \dfrac{1}{6} & -\dfrac{1}{6} & 0 \\ 0 & 1 & -\dfrac{1}{2} & -\dfrac{5}{12} & -\dfrac{1}{12} & 0 \\ 0 & 0 & \dfrac{5}{2} & \dfrac{13}{12} & \dfrac{5}{12} & 1 \end{pmatrix} \longrightarrow \begin{pmatrix} 1 & 0 & 0 & \dfrac{1}{6} & -\dfrac{1}{6} & 0 \\ 0 & 1 & -\dfrac{1}{2} & -\dfrac{5}{12} & -\dfrac{1}{12} & 0 \\ 0 & 0 & 1 & \dfrac{13}{30} & \dfrac{1}{6} & \dfrac{2}{5} \end{pmatrix}$$

　そうしたら、この1を使ってラストスパート。基準になる行をまず書く。そして3行目の1/2倍を2行目に足すと、これで左側が単位行列になったね。だから右側に現れたのが、求めたい逆行列だね。

まぁこれで計算が間違ってたら気力が削れてしまうんだけども。

$$\begin{pmatrix} 1 & 0 & 0 & \dfrac{1}{6} & -\dfrac{1}{6} & 0 \\ 0 & 1 & -\dfrac{1}{2} & -\dfrac{5}{12} & -\dfrac{1}{12} & 0 \\ 0 & 0 & 1 & \dfrac{13}{30} & \dfrac{1}{6} & \dfrac{2}{5} \end{pmatrix} \longrightarrow \begin{pmatrix} 1 & 0 & 0 & \dfrac{1}{6} & -\dfrac{1}{6} & 0 \\ 0 & 1 & 0 & -\dfrac{1}{5} & 0 & \dfrac{1}{5} \\ 0 & 0 & 1 & \dfrac{13}{30} & \dfrac{1}{6} & \dfrac{2}{5} \end{pmatrix}$$

固定

$$\therefore \quad A^{-1} = \begin{pmatrix} \dfrac{1}{6} & -\dfrac{1}{6} & 0 \\ -\dfrac{1}{5} & 0 & \dfrac{1}{5} \\ \dfrac{13}{30} & \dfrac{1}{6} & \dfrac{2}{5} \end{pmatrix}$$

必ずこの A^{-1} と A をかけ算して単位行列になるっていうのを
自分で計算して、もし違ってたら迷わずやり直すこと。

テスト本番頑張ってください。

じゃ、お疲れさまでした。

解　答

$$\begin{pmatrix} 1 & -2 & 1 & | & 1 & 0 & 0 \\ -5 & -2 & 1 & | & 0 & 1 & 0 \\ 1 & 3 & 1 & | & 0 & 0 & 1 \end{pmatrix} \rightarrow \begin{pmatrix} 1 & -2 & 1 & | & 1 & 0 & 0 \\ 0 & -12 & 6 & | & 5 & 1 & 0 \\ 0 & 5 & 0 & | & -1 & 0 & 1 \end{pmatrix}$$

$$\rightarrow \begin{pmatrix} 1 & -2 & 1 & | & 1 & 0 & 0 \\ 0 & 1 & -\dfrac{1}{2} & | & -\dfrac{5}{12} & -\dfrac{1}{12} & 0 \\ 0 & 5 & 0 & | & -1 & 0 & 1 \end{pmatrix} \rightarrow \begin{pmatrix} 1 & 0 & 0 & | & \dfrac{1}{6} & -\dfrac{1}{6} & 0 \\ 0 & 1 & -\dfrac{1}{2} & | & -\dfrac{5}{12} & -\dfrac{1}{12} & 0 \\ 0 & 0 & \dfrac{5}{2} & | & \dfrac{13}{12} & \dfrac{5}{12} & 1 \end{pmatrix}$$

$$\rightarrow \begin{pmatrix} 1 & 0 & 0 & | & \dfrac{1}{6} & -\dfrac{1}{6} & 0 \\ 0 & 1 & -\dfrac{1}{2} & | & -\dfrac{5}{12} & -\dfrac{1}{12} & 0 \\ 0 & 0 & 1 & | & \dfrac{13}{30} & \dfrac{1}{6} & \dfrac{2}{5} \end{pmatrix} \rightarrow \begin{pmatrix} 1 & 0 & 0 & | & \dfrac{1}{6} & -\dfrac{1}{6} & 0 \\ 0 & 1 & 0 & | & -\dfrac{1}{5} & 0 & \dfrac{1}{5} \\ 0 & 0 & 1 & | & \dfrac{13}{30} & \dfrac{1}{6} & \dfrac{2}{5} \end{pmatrix}$$

$$\therefore A^{-1} = \begin{pmatrix} \dfrac{1}{6} & -\dfrac{1}{6} & 0 \\ -\dfrac{1}{5} & 0 & \dfrac{1}{5} \\ \dfrac{13}{30} & \dfrac{1}{6} & \dfrac{2}{5} \end{pmatrix}$$

自分が何を計算しているのか理解しよう！
第12講対応

❚❚ ▶❙ ◄● 18/19

1. 復習

1-1 固有値・固有ベクトルの定義

まず定義を確認しましょう。

> ▶❚❚ 次の式を満たすようなλ、ベクトルxをそれぞれ固有値、固有ベクトルという。
>
> $$A\underset{\text{固有ベクトル}}{x} = \underset{\text{固有値}}{\lambda} x \quad (x \neq 0)$$

この式って、$x = 0$のときは、どんな行列Aを持ってきても左辺も右辺も0ベクトルになるから必ず成り立っちゃうよね。こういう$x = 0$みたいなつまらない解は除くことにしよう、固有ベクトルというときには零ベクトルは

━━ 自明な解というんだ。

なしにしよう、ってことで$x \neq 0$という条件がついてるのね。

だから、定義は「ある与えられた行列Aに対して、この方程式をみたすような零ベクトルじゃないベクトルのことを固有ベクトルといい、それに対応する数λが固有値です」ということを言ってるんだね。

まぁこう言われてもまだフワフワするよね。そのフワフワさを
なくすためにもう少しだけ説明しよう。

　行列ってベクトルを変換させるものだから、普通は**ベクトル x に行列を
かけるとベクトルの向きや大きさが変わる。**

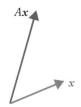

　固有ベクトルっていうのは、その変換に対して**向きが変わらないベクトル**
のことなんだ。普通は向きも大きさも変わってしまうから、向きが保存され
るというのはすごく特別なことなのね。そういう行列 A に特有なベクトル
を固有ベクトル、そのときの倍率のことを固有値っていうんだ。

p.232 の定義の式は、ベクトル x に変換
A を作用させても定数倍しか変わらない
という意味。これは、固有ベクトルがピ
ッて大きさだけ変わってるっていうこと。

●固有値と固有ベクトルを計算するときのポイント

　固有値と固有ベクトルの計算で混乱する理由は、大事なポイントを理解し
ていない人が多いからだと思う。そのポイントというのは、まずは行列あり
き、次にその行列がもつ特別なベクトルと数が固有ベクトルと固有値という
ことなんだ。

つまり、**固有ベクトル・固有値**っていうのは、正確には、**行列Aの固有ベクトル・行列Aの固有値**ってこと。さらに、この固有ベクトルの固有値がこの値というふうに、これらは**セット**なのね。これがポイント。

今から全く役に立たないたとえ話をしよう。
音楽の方向性を表すベクトルを x、
行列はバンドマンをメジャーデビューさせる効果をもっているとしよう。

多くのバンドマンはメジャーデビューしたらお金、お金…って
音楽の方向性が変わってしまって解散してしまったりするんだけど、

メジャーデビュー変換に対して向きを変えず、
大きさだけ2倍、3倍となって頑張れるバンドマンだけが成功するという話。

売れるバンドマンは固有ベクトルだ！
（固有値がマイナスな場合には目をつぶってくれ）

1-2　固有値・固有ベクトルの求め方

　それでは固有値と固有ベクトルの求め方について復習していきましょう。そのためには次の方程式を解かなきゃいけないんだったね。

$$Ax = \lambda x$$

変数をまず左辺に寄せようか。そうすると、こうなると思うかもしれないんだけども、これはやっちゃ**ダメ**！

$$(A - \lambda)x = 0$$

　サイズの違う行列どうしの足し算、引き算はできないから、**行列Aとただの数λの引き算はできない。**

　じゃ、どう考えればいいかというと、ここに**単位行列E**が隠れてると思うんだ。単位行列をベクトルにかけ算しても何も影響を及ぼさないからね。

$$Ax = \lambda x \quad \text{←ここ！}$$

そうすると、行列でしっかりくくれる。

$$Ax = \lambda Ex$$
$$(\underset{\text{行列}}{A} - \underset{\text{行列}}{\lambda E})x = 0$$

いまからこの方程式を解くんだけど、$x = 0$ 以外の解を探さないといけないんだったね。そのためにはどうなっている必要があるか考えよう。

$A - \lambda E$ というのは行列と行列の引き算だから、これも1つの行列だね。もし、この行列が逆行列をもっているとしたら、両辺に左からその逆行列をかけると $x = 0$ となってしまって、解がそれだけになってしまう。

だから、行列 $A - \lambda E$ という行列は少なくとも逆行列をもっていてはいけないんだ。

逆行列をもつのは行列式が0でないときつまり逆行列をもたないためには行列式が0じゃなきゃいけないってことだよね。だから、まずは

$$|A - \lambda E| = 0$$

を解くというふうに考えればいい。

そうすると、この方程式をみたすような数 λ が決まるよね。この解が固有値で、行列の次数によって解の個数は違う。これらの解を

$$\lambda = \lambda_i \quad (i = 1, 2, \cdots) \quad \textbf{固有値}$$

とおいておこう。

さて、固有値が求まったら、これに対してそれぞれの固有ベクトルを求めたい。固有値と固有ベクトルは必ずセットだから。例えば λ_1 のときの固有ベクトル x_1 を計算しようか。λ_1 は、元はといえばこの方程式

$$(A - \lambda E)x = 0$$

の解だったから、ここに $\lambda = \lambda_1$ を代入して方程式を解けば x_1 は求まるね。

$$(A - \lambda_1 E)\boldsymbol{x} = \boldsymbol{0}$$

　この式は、例えば $\boldsymbol{x}$ の成分が2つなら2元1次連立方程式、成分が3つなら3元1次連立方程式になる。この方程式を解いて、その結果が $\boldsymbol{x}_1$ というベクトルだとすれば、$\boldsymbol{x} = \boldsymbol{x}_1$ と書ける。ここでは、それぞれの固有値に対して固有ベクトルの解が見つかるから、固有ベクトルはこんなふうに書ける。

$$\underline{\boldsymbol{x} = \boldsymbol{x}_i \quad (i = 1, 2, \cdots)} \quad \textbf{固有ベクトル}$$

　数学をしっかり勉強してる人はもしかしたら
「$|A - \lambda E| = 0$ だからといって、$\boldsymbol{x} = \boldsymbol{0}$ 以外の解をもつと限らないんじゃないの？」
って思うかもしれないね。でも、じつは、この $|A - \lambda E| = 0$ をみたす λ には必ず $(A - \lambda E)\boldsymbol{x} = \boldsymbol{0}$ に対応する $\boldsymbol{x} = \boldsymbol{0}$ 以外の解 $\boldsymbol{x}$ が存在するということが証明できるんだ。

　だから $|A - \lambda E| = 0$ を解くという作業は固有値 $\lambda = \lambda_i (i = 1, 2, \cdots)$ を計算するのと全く同じなんだ。最初はなかなかそうは思えないけどね。

　だから、最初はこんなふうに考えるといいかもしれないね。

0 以外の解をもつためには、少なくとも $|A - \lambda E| = 0$ とならなきゃいけない

この方程式の解 $\lambda = \lambda_i (i = 1, 2, \cdots)$ が固有値の候補

λ_i を方程式 $(A - \lambda_i E)\boldsymbol{x} = \boldsymbol{0}$ に代入すると $\boldsymbol{x}$ が求まる。それが固有ベクトル

次からは、実際に問題を解いてみましょう。

2. 演習問題

演習問題 1 次の行列 A の固有値・固有ベクトルを計算しなさい。

$$A = \begin{pmatrix} 5 & -2 \\ -2 & 2 \end{pmatrix}$$

解法

STEP1 まず、次のような**固有方程式**と呼ばれる λ についての方程式を解く。

$$|A - \lambda E| = 0$$

これを解いて出てきた解が固有値だったね。固有方程式は

$$|A - \lambda E| = \left| \begin{pmatrix} 5 & -2 \\ -2 & 2 \end{pmatrix} - \begin{pmatrix} \lambda & 0 \\ 0 & \lambda \end{pmatrix} \right| = \begin{vmatrix} 5-\lambda & -2 \\ -2 & 2-\lambda \end{vmatrix} = (\lambda-1)(\lambda-6)$$

> 2×2行列式の公式を使ってから因数分解

これより、解は次の2つ。

$$(\lambda - 1)(\lambda - 6) = 0 \qquad \therefore \lambda = 1, 6$$

固有値が 1, 6 と求まりました。

STEP2 $\lambda_1 = 1$ に対応した固有ベクトルと $\lambda_2 = 6$ に対応した固有ベクトルをそれぞれ計算する。つまり次の方程式を解けばよい。

$$(A - \lambda_i E)x = 0 \qquad (i = 1, 2) \qquad \cdots ①$$

そのためには次の(a), (b) 2つの方程式を解くことになる。順番にやっていきましょう。

(a) 固有値 $\lambda = 1$ に対する固有ベクトルを求める

①に $\lambda = 1$ を代入する。STEP1 で書いた行列式を普通の行列に戻して代入するだけね。$x = \begin{pmatrix} x \\ y \end{pmatrix}$ とおくと①式は x, y の連立方程式になる。

$$\begin{pmatrix} 4 & -2 \\ -2 & 1 \end{pmatrix} \begin{pmatrix} x \\ y \end{pmatrix} = \begin{pmatrix} 0 \\ 0 \end{pmatrix} \quad \Leftrightarrow \quad \begin{cases} 4x - 2y = 0 \\ -2x + y = 0 \end{cases} \quad \Leftrightarrow \quad 2x - y = 0$$

これを解けばいいんだけど、出てきたのは1個の式だったね。

$$2x - y = 0 \qquad\qquad \cdots ②$$

これは x と y の値がスッキリ求まって解けるタイプじゃなくて、**不定方程式**になってるんだ。

こういう不定方程式ってどうやって解くんだっけ。まず、不定といっても x、y はなんでもいいというわけじゃないんだね。その答えはただ1つに決まるわけじゃないんだけど、x、y は②式の関係をもっていなきゃいけない。だから、x を勝手に決めて、その時の y を求めればいい。

たとえば x を c_1 とおくと、②式より y は $2c_1$ になるね。この答えをベクトルの形で書くと、c_1 は共通だから前に出てこうなる。

$$\begin{cases} x = c_1 \\ y = 2c_1 \end{cases} \qquad \therefore \boldsymbol{x} = c_1 \begin{pmatrix} 1 \\ 2 \end{pmatrix} \quad (c_1 \text{ は任意定数}, \ c_1 \neq 0)$$

これが、固有値1に対する固有ベクトルね。

答えの後ろに（ ）で追加した部分の説明をしておこう。c_1 は任意だから何でもいいんだけど、$c_1 = 0$ とすると固有ベクトルが零ベクトルになってしまう。定義には、固有ベクトルは零ベクトルではダメって書いてあるから、$c_1 = 0$ というケースを除くというのを補足しておかなきゃいけない。このことを（ ）で最後に追加したものが正確な書き方になります。省略されてる場合も常にこの部分があると思ってね。

(b)固有値 $\lambda = 6$ に対する固有ベクトルを求める

これも同じように①式に6を代入する。$\boldsymbol{x} = \begin{pmatrix} x \\ y \end{pmatrix}$ とおいて、行列の形の式を連立方程式に書き直す。そして、その連立方程式を解けばいい。

$$\begin{pmatrix} -1 & -2 \\ -2 & -4 \end{pmatrix} \begin{pmatrix} x \\ y \end{pmatrix} = \begin{pmatrix} 0 \\ 0 \end{pmatrix} \quad \Leftrightarrow \quad \begin{cases} -x-2y=0 \\ -2x-4y=0 \end{cases}$$

これもどっちも同じ式になって、結局1つの式しか出ない。

$$x+2y=0 \qquad\qquad\qquad \cdots ③$$

つまりさっきやった不定方程式と同じ。x, y どっちかを勝手に決めればいい。

たとえば、$x=c_2$ とおいてみると $y=-\dfrac{1}{2}c_2$ となって、分数が出てきて見づらくなる。それならば $y=c_2$ とおいてみると $x=-2c_2$ になって、こっちの方がきれいになる。どうせならきれいになる方を選びたいね。

ベクトルの形で答えは書いておくよ。

$$\begin{cases} x=-2c_2 \\ y=c_2 \end{cases} \qquad \therefore \boldsymbol{x}=c_2 \begin{pmatrix} -2 \\ 1 \end{pmatrix} \quad (c_2\ \text{は任意定数}, c_2 \neq 0)$$

こうして、固有値6に対する固有ベクトルが求まった。

もちろん、$x=c_2$ とした場合も正解です。

解 答

$$|A-\lambda E| = \begin{vmatrix} 5-\lambda & -2 \\ -2 & 2-\lambda \end{vmatrix} = (\lambda-1)(\lambda-6)=0 \qquad \therefore \lambda=1, 6$$

(a) $\lambda=1$ について

$$\begin{pmatrix} 4 & -2 \\ -2 & 1 \end{pmatrix} \begin{pmatrix} x \\ y \end{pmatrix} = \begin{pmatrix} 0 \\ 0 \end{pmatrix} \Leftrightarrow 2x-y=0 \Leftrightarrow \begin{cases} x=c_1 \\ y=2c_1 \end{cases} \quad \therefore \boldsymbol{x}=c_1 \begin{pmatrix} 1 \\ 2 \end{pmatrix}$$
$$(c_1\ \text{は任意定数}, c_1 \neq 0)$$

(b) $\lambda=6$ について

$$\begin{pmatrix} -1 & -2 \\ -2 & -4 \end{pmatrix} \begin{pmatrix} x \\ y \end{pmatrix} = \begin{pmatrix} 0 \\ 0 \end{pmatrix} \Leftrightarrow x+2y=0 \Leftrightarrow \begin{cases} x=-2c_2 \\ y=c_2 \end{cases} \quad \therefore \boldsymbol{x}=c_2 \begin{pmatrix} -2 \\ 1 \end{pmatrix}$$
$$(c_2\ \text{は任意定数}, c_2 \neq 0)$$

次にもう少し大きいサイズのケースについて考えましょう。

演習問題 2 次の行列 A の固有値・固有ベクトルを計算しなさい。

$$A = \begin{pmatrix} 2 & 1 & 0 \\ 1 & 2 & 0 \\ 1 & 1 & 1 \end{pmatrix}$$

STEP1 まず固有方程式を解く。左辺の行列式の部分はこんなふうになる。

$$|A - \lambda E| = \left| \begin{pmatrix} 2 & 1 & 0 \\ 1 & 2 & 0 \\ 1 & 1 & 1 \end{pmatrix} - \begin{pmatrix} \lambda & 0 & 0 \\ 0 & \lambda & 0 \\ 0 & 0 & \lambda \end{pmatrix} \right| = \begin{vmatrix} 2-\lambda & 1 & 0 \\ 1 & 2-\lambda & 0 \\ 1 & 1 & 1-\lambda \end{vmatrix}$$

これは 3×3 の行列式の計算だから、例えばサラスの公式を使えばいい。
（注：今回みたいに文字が入っている行列式の計算にはサラスの公式も有用だ！）。その結果をまとめたものが次の式。

$$= -(\lambda - 1)^2 (\lambda - 3)$$

固有方程式はこれに ＝ 0 ってすればいい。

$$-(\lambda - 1)^2 (\lambda - 3) = 0$$

この解は 2 個出てくるんだけど、重解の場合は必ず明記しておく。

$$\lambda = 1 \quad (\text{重解}), \ 3$$

> 行列のサイズが 3×3 のときは固有方程式は 3 次方程式になるから、重解含めて 3 個の解をもつ。この方程式の解は 1, 1, 3。

重解って聞いたら
「ひー！お母さん助けて！」
って、思うかもしれないけど
いつまでもお母さんに頼ってんじゃねえ！

STEP2 重解が出てきても同じ方法で解けるから、そんなにビビらずに。1 が重解、3 が普通の解なので、この順にやっていきましょう。

(a) $\lambda = 1$（重解）に対する固有ベクトルを求める

　2×2 の時と同じように、行列式を普通の行列に戻して $\lambda = 1$ を代入するだけね。$\boldsymbol{x} = \begin{pmatrix} x \\ y \\ z \end{pmatrix}$ とおくと、①式はこんなふうになる。

$$\begin{pmatrix} 2-1 & 1 & 0 \\ 1 & 2-1 & 0 \\ 1 & 1 & 1-1 \end{pmatrix} \begin{pmatrix} x \\ y \\ z \end{pmatrix} = \begin{pmatrix} 0 \\ 0 \\ 0 \end{pmatrix}$$

　これを連立方程式の形に直すと、3つとも同じ式になるからこれだけ。

$$x + y = 0 \qquad\qquad \cdots④$$

　あれ？　z に対する制約条件が1個も出てこない。ということは、z がどんな数であっても、x、y が④式をみたしていればOKってことになるね。だから、z は任意って書いておけばいい。

$$\begin{cases} x + y = 0 \\ z：任意 \end{cases}$$

　これも不定方程式だから、x を任意定数 c_1 とおくと④式から $y = -c_1$ となる。z は c_1 とは無関係で任意なので、新しい定数、例えば c_2 と書こう。

$$\begin{cases} x = c_1 \\ y = -c_1 \\ z = c_2 \end{cases}$$

　これをベクトル表記にしたものも書いておく。c_1 と c_2 の文字ごとにわけて、それぞれ任意定数でくくってあげたものを足し算する。

$$\therefore \boldsymbol{x} = c_1 \begin{pmatrix} 1 \\ -1 \\ 0 \end{pmatrix} + c_2 \begin{pmatrix} 0 \\ 0 \\ 1 \end{pmatrix}$$

これが、$\lambda = 1$ という重解に対する固有ベクトル。行列のサイズが大きい場合、任意定数を2個以上使うこともあるから気をつけてね。

　じゃ、次に普通の解について考えていきましょう。

(b) $\lambda = 3$ に対する固有ベクトルを求める

同じように、行列式を普通の行列に戻して $\lambda = 3$ を代入するだけね。

$x = \begin{pmatrix} x \\ y \\ z \end{pmatrix}$ とおくと、①式はこんなふうになる。

$$\begin{pmatrix} -1 & 1 & 0 \\ 1 & -1 & 0 \\ 1 & 1 & -2 \end{pmatrix} \begin{pmatrix} x \\ y \\ z \end{pmatrix} = \begin{pmatrix} 0 \\ 0 \\ 0 \end{pmatrix}$$

これを連立方程式の形に書き直すと、1番めと2番めの式は同じになるから結局、式は2つになるね。

$$\begin{cases} -x + y = 0 & \cdots ⑤ \\ x + y - 2z = 0 & \cdots ⑥ \end{cases}$$

どうすればいいかというと、⑤式から $x = y$ が出て、これを⑥式に代入すると $x = z$ が出る。つまり $x = y = z$ となる。それ以外は制約がないから、この連立方程式は、x, y, z が全て同じ数なら必ず成り立つというわけだね。

とりあえず任意定数を1文字でおきたいんだけど、c_1, c_2 は使ってしまったから別の文字 c_3 っておこうか。これでベクトル表示をすると、

$$x = y = z \qquad \therefore \quad x = c_3 \begin{pmatrix} 1 \\ 1 \\ 1 \end{pmatrix}$$

これが固有値3に対する固有ベクトルってことで、問題はおしまい。

解 答

$|A - \lambda E| = \begin{vmatrix} 2-\lambda & 1 & 0 \\ 1 & 2-\lambda & 0 \\ 1 & 1 & 1-\lambda \end{vmatrix} = -(\lambda-1)^2(\lambda-3) = 0$ より $\lambda = 1, \underset{\substack{\uparrow \\ (重解)}}{3}$

(a) $\lambda = 1$ (重解) について

$\begin{pmatrix} 1 & 1 & 0 \\ 1 & 1 & 0 \\ 1 & 1 & 0 \end{pmatrix} \begin{pmatrix} x \\ y \\ z \end{pmatrix} = \begin{pmatrix} 0 \\ 0 \\ 0 \end{pmatrix} \Leftrightarrow \begin{cases} x+y=0 \\ z : 任意 \end{cases} \Leftrightarrow \begin{cases} x = c_1 \\ y = -c_1 \\ z = c_2 \end{cases} \quad \therefore x = c_1 \begin{pmatrix} 1 \\ -1 \\ 0 \end{pmatrix} + c_2 \begin{pmatrix} 0 \\ 0 \\ 1 \end{pmatrix}$

(b) $\lambda = 3$ について

$\begin{pmatrix} -1 & 1 & 0 \\ 1 & -1 & 0 \\ 1 & 1 & -2 \end{pmatrix} \begin{pmatrix} x \\ y \\ z \end{pmatrix} = \begin{pmatrix} 0 \\ 0 \\ 0 \end{pmatrix} \Leftrightarrow \begin{cases} -x+y=0 \\ x+y-2z=0 \end{cases} \Leftrightarrow x = y = z \, (=c_3) \quad \therefore x = c_3 \begin{pmatrix} 1 \\ 1 \\ 1 \end{pmatrix}$

1. 対角化の流れ【復習】

まずは対角化の流れを確認しましょう。

⏸ **対角化の流れ**

$$|A - \lambda E| = 0 \quad \text{を解く} \quad \boxed{\text{固有方程式}}$$
$$\downarrow$$
$$\lambda = \lambda_i \quad (i = 1, 2, \cdots, n)$$
$$(A - \lambda_i E)x = 0 \quad \text{を解く}$$
$$\downarrow$$
これをみたす一次独立なベクトル p_i を n 個見つける

$$\downarrow$$

$$P = (p_1, p_2, \cdots, p_n) \text{とすれば} \quad P^{-1}AP = \begin{pmatrix} \lambda_1 & 0 & \cdots & 0 \\ 0 & \lambda_2 & & \vdots \\ \vdots & & \ddots & 0 \\ 0 & \cdots & 0 & \lambda_n \end{pmatrix}$$

最初にやることは、n 次正方行列 A について固有方程式を考えること。

$$|A - \lambda E| = 0$$

大事なのは、これは λ についての方程式だということで、この解が

$$\lambda = \lambda_i \quad (i = 1, 2, \cdots, n)$$

という固有値になること。

$n \times n$ 行列なら、重解を含めて n 個の解が出てきます。この中に重解があるかもしれないっていうことに注意して下さい。

　そして、その解の各々に対してこういう方程式を解くんだったね。

$$(A - \lambda_i E)\boldsymbol{x} = \boldsymbol{0}$$

さっきと形は似てるけど、これは λ についての方程式じゃなくて $\boldsymbol{x}$ についての方程式だからね。

　そういう一次独立なベクトル $\boldsymbol{x}$ を n 個見つけてきたら、対角化できるんだったね。

　変換行列 P を作るときに必ず意識しなければならないことは、一次独立という部分。要するに n 個の一次独立なベクトルを準備できれば勝ちなんだね。その準備した一次独立なベクトル n 個を $\boldsymbol{p}_1, \boldsymbol{p}_2, \cdots, \boldsymbol{p}_n$ とすれば、これを列ベクトルにして並べてあげると $n \times n$ 行列になる。これを P とおく。

$$P = (\boldsymbol{p}_1, \boldsymbol{p}_2, \cdots, \boldsymbol{p}_n)$$

　P が変換行列というもので、この行列を使って $P^{-1}AP$ っていう行列を作ると、対角成分に全て固有値が並んだものになると。

$$P^{-1}AP = \begin{pmatrix} \lambda_1 & 0 & \cdots & 0 \\ 0 & \lambda_2 & & \vdots \\ \vdots & & \ddots & 0 \\ 0 & \cdots & 0 & \lambda_n \end{pmatrix}$$

　これが対角化という操作だったね。

　次節では、この流れに沿って問題を解いていきましょう。

じつは一次独立な固有ベクトルが n 個見つけられない場合、その行列は対角化不可能ということになるんだけど、今回はテストに出るような対角化可能なケースだけ扱っていくね。

2. 重解がない場合

2-1 問題演習 ～2×2の場合

> **演習問題 1** 次の行列を対角化せよ。
>
> $$A = \begin{pmatrix} 3 & 5 \\ 4 & 2 \end{pmatrix}$$

まず固有方程式を考えます。2×2 行列式は簡単に計算ができて、

$$|A - \lambda E| = \begin{vmatrix} 3-\lambda & 5 \\ 4 & 2-\lambda \end{vmatrix} = (3-\lambda)(2-\lambda) - 20$$

$$= \lambda^2 - 5\lambda - 14 = (\lambda + 2)(\lambda - 7)$$

というふうに因数分解できます。固有方程式を解くと、

$$(\lambda + 2)(\lambda - 7) = 0 \qquad \therefore \lambda = -2, 7$$

じゃ、それぞれの固有値について固有ベクトルを求めていきます。

(i) $\lambda = -2$ のとき

$x = \begin{pmatrix} x \\ y \end{pmatrix}$ として、$(A - \lambda_i E)x = 0$ の λ_i の部分に $\lambda = -2$ を代入すると

$$\begin{pmatrix} 3-\lambda & 5 \\ 4 & 2-\lambda \end{pmatrix} \begin{pmatrix} x \\ y \end{pmatrix} = \begin{pmatrix} 5 & 5 \\ 4 & 4 \end{pmatrix} \begin{pmatrix} x \\ y \end{pmatrix} = \begin{pmatrix} 0 \\ 0 \end{pmatrix}$$

これを連立方程式の形にして出てくる 2 つの式はどちらも同じで、

$$x + y = 0$$

これは、文字が 2 つで式が 1 つしかないから、一方の文字を決め打ちする必要がある。$x = s_1$ とおくと $y = -s_1$ になるから、ベクトルで書けば、

$$x = \begin{pmatrix} x \\ y \end{pmatrix} = s_1 \begin{pmatrix} 1 \\ -1 \end{pmatrix}$$

不定性が s_1 のところに 1 個残っているけれど、こんなふうに決まります。これが $\lambda = -2$ のときの固有ベクトルだね。

　固有ベクトルって言うときは、正確には $s_1 \neq 0$ という条件を書いておかないといけないんですが、今回は対角化が目的だから、省略します。

　じゃ、続けましょう。2 つめの固有値。

(ii) $\lambda = 7$ のとき

　さっきと同じように、$\lambda = 7$ を代入するとこうなるよね。

$$\begin{pmatrix} 3-\lambda & 5 \\ 4 & 2-\lambda \end{pmatrix} \begin{pmatrix} x \\ y \end{pmatrix} = \begin{pmatrix} -4 & 5 \\ 4 & -5 \end{pmatrix} \begin{pmatrix} x \\ y \end{pmatrix} = \begin{pmatrix} 0 \\ 0 \end{pmatrix}$$

　ここから出てくる 2 つの式はまた同じになって、こんな式になる。

$$-4x + 5y = 0$$

　この式をみたす x, y を求めるには一方を決め打ちすればいい。係数に分数が出てこないようにするには少し工夫が必要で、$x = 5s_2$ とすれば $y = 4s_2$ となるので、これで OK。

　これは何を言ってるのかというと、x, y に 5：4 の関係があれば上の式をみたすということ。s_2 でくくると、$\lambda = 7$ に対する固有ベクトルは、

$$\begin{pmatrix} x \\ y \end{pmatrix} = s_2 \begin{pmatrix} 5 \\ 4 \end{pmatrix}$$

　対角化の流れでいくと、次にやる作業は一次独立なベクトルを n 個見つけることなんだけど、今回のケースでは、$\begin{pmatrix} 1 \\ -1 \end{pmatrix}$ と $\begin{pmatrix} 5 \\ 4 \end{pmatrix}$ が一次独立になっている。

　このことは確かめるまでもない。なぜなら、**固有値が異なる固有ベクトルは必ず一次独立**ということは証明できているから。(☞第 13 講 p.179) 上の 2 つのベクトルは異なる固有値に対応する固有ベクトルだから、当然一次独立！

変換行列 P はこれを並べたもので、こんなふうになります。

$$P = \begin{pmatrix} 1 & 5 \\ -1 & 4 \end{pmatrix}$$

そして対応する固有値を順に並べてあげた次の行列が対角化の答え。

$$P^{-1}AP = \begin{pmatrix} -2 & 0 \\ 0 & 7 \end{pmatrix}$$

これでおしまい。

今回は、対角化の問題で解答として最低限必要なものを紹介しました。

多くの場合、テストでは
「この行列を対角化するような変換行列 P を求め、それを元に対角化しなさい」
と言われるから、具体的に変換行列を1つ求めて、それに対応する対角化された行列を書いてあげれば OK。

もちろん実際には、変換行列 P を求めるまでもなく、(その行列が対角化可能であれば) 固有値がわかった段階で対角化された行列の形はすぐにわかってしまうんだけどね。

解　答

固有方程式 $\begin{vmatrix} 3-\lambda & 5 \\ 4 & 2-\lambda \end{vmatrix} = (\lambda+2)(\lambda-7) = 0$ 　　 $\therefore \lambda = -2, 7$

(i) $\lambda = -2$ のとき

$\begin{pmatrix} 5 & 5 \\ 4 & 4 \end{pmatrix} \begin{pmatrix} x \\ y \end{pmatrix} = \begin{pmatrix} 0 \\ 0 \end{pmatrix}$ より $\begin{pmatrix} x \\ y \end{pmatrix} = s_1 \begin{pmatrix} 1 \\ -1 \end{pmatrix}$

(ii) $\lambda = 7$ のとき

$\begin{pmatrix} -4 & 5 \\ 4 & -5 \end{pmatrix} \begin{pmatrix} x \\ y \end{pmatrix} = \begin{pmatrix} 0 \\ 0 \end{pmatrix}$ より $\begin{pmatrix} x \\ y \end{pmatrix} = s_2 \begin{pmatrix} 5 \\ 4 \end{pmatrix}$

よって、$P = \begin{pmatrix} 1 & 5 \\ -1 & 4 \end{pmatrix}$ とすれば $P^{-1}AP = \begin{pmatrix} -2 & 0 \\ 0 & 7 \end{pmatrix}$

2-2 問題演習 ～3 × 3 の場合

3 × 3 になると計算量も多く、重解に対する扱いがちょっと難しくなってくる。まず重解のないケースから扱っていきましょう。

> **演習問題 2** 次の行列を対角化せよ。
>
> $$A = \begin{pmatrix} 2 & 5 & 6 \\ 0 & 3 & 7 \\ 0 & 0 & 4 \end{pmatrix}$$

まず、固有値を求めるために次の行列式を計算しよう。

$$|A - \lambda E| = \begin{vmatrix} 2-\lambda & 5 & 6 \\ 0 & 3-\lambda & 7 \\ 0 & 0 & 4-\lambda \end{vmatrix} \qquad \cdots (*)$$

もちろんサラスの公式で考えてもいいんだけど、これは第1列について余因子展開をしたらすごく楽にできるね。

$$\begin{vmatrix} 2-\lambda & 5 & 6 \\ 0 & 3-\lambda & 7 \\ 0 & 0 & 4-\lambda \end{vmatrix} = (2-\lambda)(-1)^{1+1}\begin{vmatrix} 3-\lambda & 7 \\ 0 & 4-\lambda \end{vmatrix} = (2-\lambda)(3-\lambda)(4-\lambda)$$

だから固有方程式は次のような3次方程式になって、簡単に解ける。

$$(2-\lambda)(3-\lambda)(4-\lambda) = 0 \qquad \therefore \lambda = 2, 3, 4 \quad \overbrace{重解がないケースだね！}$$

じゃ、それぞれの固有値に対する固有ベクトルを求めていきましょう。

(i) $\lambda = 2$ のとき

上の行列式を行列に戻してあげて $\lambda = 2$ とすればいいから、行列は

$$\begin{pmatrix} 2-2 & 5 & 6 \\ 0 & 3-2 & 7 \\ 0 & 0 & 4-2 \end{pmatrix} = \begin{pmatrix} 0 & 5 & 6 \\ 0 & 1 & 7 \\ 0 & 0 & 2 \end{pmatrix}$$

となる。3次元だから固有ベクトルの成分を x, y, z とすると、

$$\begin{pmatrix} 0 & 5 & 6 \\ 0 & 1 & 7 \\ 0 & 0 & 2 \end{pmatrix} \begin{pmatrix} x \\ y \\ z \end{pmatrix} = \begin{pmatrix} 0 \\ 0 \\ 0 \end{pmatrix}$$

これから連立方程式を作って解けばいい。これなら掃き出し法を使わなくても解くことができそうだから、普通の方法でやってみましょう。途中経過を省略しないでやっていくね。次の 3 つの式が出てくる。

$$\begin{cases} 5y + 6z = 0 & \cdots ① \\ y + 7z = 0 & \cdots ② \\ 2z = 0 & \cdots ③ \end{cases}$$

③より $z = 0$。これを②に代入して $y = 0$ もわかる。そうすると①は無条件に成り立つから気にしなくて OK。ここで、x に関する条件は何も残っていないから x は何でもいい、任意なんだね。だったら、s_1 を任意定数として

$$x = s_1$$

と書ける。あとの成分は全部 0 なので、まとめて書いてあげると、

$$\begin{pmatrix} x \\ y \\ z \end{pmatrix} = s_1 \begin{pmatrix} 1 \\ 0 \\ 0 \end{pmatrix}$$

これが今回求めたかったところの、$\lambda = 2$ の固有ベクトルです。

じゃ、続けて $\lambda = 3, 4$ の固有ベクトルも求めていきましょう。

(ii) $\lambda = 3$ のとき

やることは同じ。（＊）に $\lambda = 3$ を代入したものを行列にして、求める固有ベクトルの成分を x, y, z とすると、

$$\begin{pmatrix} -1 & 5 & 6 \\ 0 & 0 & 7 \\ 0 & 0 & 1 \end{pmatrix} \begin{pmatrix} x \\ y \\ z \end{pmatrix} = \begin{pmatrix} 0 \\ 0 \\ 0 \end{pmatrix}$$

これをみたす x, y, z を考えるには、連立方程式に直す。

$$\begin{cases} -x + 5y + 6z = 0 & \cdots ①' \\ 7z = 0 & \cdots ②' \\ z = 0 & \cdots ③' \end{cases}$$

これからわかるのは、$z=0$ は確定で、残るのは①' 式より $-x+5y=0$ だから

$$z=0, \qquad -x+5y=0$$

x, y はこの式をみたせばなんでもいいわけだから、文字を1つ決め打ちしたらいい。$x=s_2$ とすると、$y=\dfrac{1}{5}s_2$ というふうに分数が出てきてしまうから、$y=s_2$ と決め打ちすることにしよう。そうすれば $x=5s_2$ となって、次のように綺麗な形で固有ベクトルが書ける。

$$\begin{pmatrix} x \\ y \\ z \end{pmatrix} = s_2 \begin{pmatrix} 5 \\ 1 \\ 0 \end{pmatrix}$$

もちろん分数が出るような決め打ちをしても構わないんだけど、全て整数の成分で書けたほうが、そのあとに作る変換行列 P もスッキリして嬉しいからね。

(iii) $\lambda=4$ のとき

（＊）に $\lambda=4$ を代入して同じようにやっていく。

$$\begin{pmatrix} -2 & 5 & 6 \\ 0 & -1 & 7 \\ 0 & 0 & 0 \end{pmatrix} \begin{pmatrix} x \\ y \\ z \end{pmatrix} = \begin{pmatrix} 0 \\ 0 \\ 0 \end{pmatrix}$$

これを解いて固有ベクトルを求めるために、連立方程式に書き直すと、

$$\begin{cases} -2x+5y+6z=0 & \cdots① '' \\ -y+7z=0 & \cdots② '' \\ 何も情報が出てこない & \cdots③ '' \end{cases}$$

本質的な式は①''②'' の2つしか出てこないから、この2式について考えてあげればよいと。もちろんこの連立方程式も同じようにやれば OK です。

たとえば、y を消しましょう。②'' ×5＋①'' を辺々行うと、

$$-2x+41z=0 \qquad \cdots④ ''$$

これも一通りに決まらないから、何か決め打ちする必要がある。なるべく整数になるようにしたいから、$x=41s_3$ っておきます。こうすれば、④'' 式に代入して $z=2s_3$。さらに②'' より $y=14s_3$ が出るから、z も y も決まるんだね。だから、固有ベクトルの答えをベクトルの形で書くと、こうなります。

$$\begin{pmatrix} x \\ y \\ z \end{pmatrix} = s_3 \begin{pmatrix} 41 \\ 14 \\ 2 \end{pmatrix}$$

ということで、(i)～(iii)より固有ベクトルが3つ出てきたんだけども、

$\begin{pmatrix} 1 \\ 0 \\ 0 \end{pmatrix}$、$\begin{pmatrix} 5 \\ 1 \\ 0 \end{pmatrix}$、$\begin{pmatrix} 41 \\ 14 \\ 2 \end{pmatrix}$ は、異なる固有値の固有ベクトルだから、必ず一次独立

になってる。変換行列 P は、この3つの行列を並べて

$$P = \begin{pmatrix} 1 & 5 & 41 \\ 0 & 1 & 14 \\ 0 & 0 & 2 \end{pmatrix}$$

これが変換行列の一例だね。これ以外にも違うとり方ができる。たとえば、固有ベクトルの順番を入れ替えたりとか、どれかのベクトルを定数倍したものを並べても全部変換行列になるから、ここで求めたものは一例に過ぎないんだ。

さて、これで変換行列が求まったから、固有値を順番に並べたものを書いて対角化は終了。

$$P^{-1}AP = \begin{pmatrix} 2 & 0 & 0 \\ 0 & 3 & 0 \\ 0 & 0 & 4 \end{pmatrix}$$

固有値とそれに対応する
ベクトルがわかりやすい
ように色をつけたよ。

解　答

固有方程式 $\begin{vmatrix} 2-\lambda & 5 & 6 \\ 0 & 3-\lambda & 7 \\ 0 & 0 & 4-\lambda \end{vmatrix} = (2-\lambda)\begin{vmatrix} 3-\lambda & 7 \\ 0 & 4-\lambda \end{vmatrix} = (2-\lambda)(3-\lambda)(4-\lambda) = 0$

$$\therefore \lambda = 2, 3, 4$$

(i) $\lambda = 2$ のとき

$$\begin{pmatrix} 0 & 5 & 6 \\ 0 & 1 & 7 \\ 0 & 0 & 2 \end{pmatrix}\begin{pmatrix} x \\ y \\ z \end{pmatrix} = \begin{pmatrix} 0 \\ 0 \\ 0 \end{pmatrix} \text{ より } \begin{pmatrix} x \\ y \\ z \end{pmatrix} = s_1 \begin{pmatrix} 1 \\ 0 \\ 0 \end{pmatrix}$$

(ii) $\lambda = 3$ のとき

$$\begin{pmatrix} -1 & 5 & 6 \\ 0 & 0 & 7 \\ 0 & 0 & 1 \end{pmatrix}\begin{pmatrix} x \\ y \\ z \end{pmatrix} = \begin{pmatrix} 0 \\ 0 \\ 0 \end{pmatrix} \text{ より } \begin{pmatrix} x \\ y \\ z \end{pmatrix} = s_2 \begin{pmatrix} 5 \\ 1 \\ 0 \end{pmatrix}$$

(iii) $\lambda = 4$ のとき

$$\begin{pmatrix} -2 & 5 & 6 \\ 0 & -1 & 7 \\ 0 & 0 & 0 \end{pmatrix}\begin{pmatrix} x \\ y \\ z \end{pmatrix} = \begin{pmatrix} 0 \\ 0 \\ 0 \end{pmatrix} \text{ より } \begin{pmatrix} x \\ y \\ z \end{pmatrix} = s_3 \begin{pmatrix} 41 \\ 14 \\ 2 \end{pmatrix}$$

よって

$$P = \begin{pmatrix} 1 & 5 & 41 \\ 0 & 1 & 14 \\ 0 & 0 & 2 \end{pmatrix} \text{ とすれば}$$

$$P^{-1}AP = \begin{pmatrix} 2 & 0 & 0 \\ 0 & 3 & 0 \\ 0 & 0 & 4 \end{pmatrix}$$

3. 重解がある場合

この節では重解が出てきても対角化ができるケースを扱ってみましょう。

演習問題 3 次の行列を対角化せよ。

$$A = \begin{pmatrix} 0 & 0 & 1 \\ 0 & 1 & 0 \\ 1 & 0 & 0 \end{pmatrix}$$

今までと同じようにやっていこう。まずは行列式の計算から。

$$|A - \lambda E| = \begin{vmatrix} -\lambda & 0 & 1 \\ 0 & 1-\lambda & 0 \\ 1 & 0 & -\lambda \end{vmatrix} \qquad \cdots (**)$$

この行列式を第1列で余因子展開すると、 他の場所で展開しても構わないよ。

$$\begin{vmatrix} -\lambda & 0 & 1 \\ 0 & 1-\lambda & 0 \\ 0 & 0 & -\lambda \end{vmatrix} = -\lambda \cdot (-1)^{1+1} \begin{vmatrix} 1-\lambda & 0 \\ 0 & -\lambda \end{vmatrix} + 1 \cdot (-1)^{3+1} \begin{vmatrix} 0 & 1 \\ 1-\lambda & 0 \end{vmatrix}$$

$$= \lambda^2(1-\lambda) - (1-\lambda) = (1-\lambda)(\lambda^2-1) = -(\lambda+1)(\lambda-1)^2$$

これが0になるようなλを求めればそれが固有値だね。

$$-(\lambda+1)(\lambda-1)^2 = 0 \qquad \therefore \lambda = -1, 1 \text{（重解）}$$

これは重解が出る場合の対角化になってレベルが一段階上がります。

まあテスト前にこの本を読んで
重解がある場合にもしっかりと対角化ができるなら
周りの同級生から見たらヒーロー同然だ。

だから友達が増えるね。

テスト期間のうちだけ。
（大学時代の自分みたいに。）

はい、ってことで順番にやっていきましょう。まずは重解でない方から。

(i) $\lambda = -1$ のとき

（＊＊）に $\lambda = -1$ を入れた行列に、成分 x, y, z の列ベクトルをかけたものが零ベクトルになるような、x, y, z を求めるんだね。

$$\begin{pmatrix} 1 & 0 & 1 \\ 0 & -2 & 0 \\ 1 & 0 & 1 \end{pmatrix} \begin{pmatrix} x \\ y \\ z \end{pmatrix} = \begin{pmatrix} 0 \\ 0 \\ 0 \end{pmatrix}$$

これを連立方程式に戻してあげると、この 2 式だけ残るね。

$$\begin{cases} x + z = 0 & \cdots ⑤ \\ 2y = 0 & \cdots ⑥ \\ \boxed{⑤ と同じ式} \end{cases}$$

⑥より $y = 0$、これは⑤には関係ないから、⑤をみたすような x, z の組み合わせなら何でもよいということなんだ。だから 1 個決め打ちして、$x = s_1$ とすれば $z = -s_1$ となるから、s_1 でくくった形で書いておきましょう。

$$\begin{pmatrix} x \\ y \\ z \end{pmatrix} = s_1 \begin{pmatrix} 1 \\ 0 \\ -1 \end{pmatrix}$$

これが固有値 -1 の固有ベクトルということになります。

> 重解でない場合は解けたけど、重解の場合は同じようにできない。じゃあどうしたらいいか？

(ii) $\lambda = 1$ のとき

同じように、（＊＊）に $\lambda = 1$ を入れた行列に成分を x, y, z とした固有ベクトルをかけたものが零ベクトルになる、という式を作る。

$$\begin{pmatrix} -1 & 0 & 1 \\ 0 & 0 & 0 \\ 1 & 0 & -1 \end{pmatrix} \begin{pmatrix} x \\ y \\ z \end{pmatrix} = \begin{pmatrix} 0 \\ 0 \\ 0 \end{pmatrix}$$

これを連立方程式に書き直しても、結局、1 本の式

$$-x + z = 0 \qquad \cdots ⑦$$

しか出てこない。しかも、y が出てこないから y についての制約は何もない。つまり y は何でもいいので、y を任意定数として t_2 とおきましょう。

$$y = t_2$$

　次に、⑦式は 2 つの未知数で 1 つの式だから、文字を 1 つ決め打ちするしかない。例えば、$x = s_2$ とおけば $z = s_2$ となるよね。y は s_2 と無関係な任意定数 t_2 で書かれているから、結局、任意定数が t_2, s_2 の 2 つあることになる。

　だから、答えはこんなふうにまとめることができます。

$$\begin{pmatrix} x \\ y \\ z \end{pmatrix} = s_2 \begin{pmatrix} 1 \\ 0 \\ 1 \end{pmatrix} + t_2 \begin{pmatrix} 0 \\ 1 \\ 0 \end{pmatrix} \qquad \cdots ⑧$$

> t_2 にかかってるベクトルは y 成分しかないことに注意！

こんなふうにして、$\begin{pmatrix} 1 \\ 0 \\ 1 \end{pmatrix}$ の定数倍と $\begin{pmatrix} 0 \\ 1 \\ 0 \end{pmatrix}$ の定数倍の和で書かれるものだったら全部固有ベクトルということがわかる。

　さて、固有ベクトルが求まったところで、今回の授業で最初に話した、

> 3 × 3 行列の対角化のために大事なことは、
> 一次独立なベクトルを 3 個準備できるかどうか

ということを思い出してみましょう。（☞ p.244）

　ちなみに、(i) で得られた $\begin{pmatrix} 1 \\ 0 \\ -1 \end{pmatrix}$、(ii) で出てきた $\begin{pmatrix} 1 \\ 0 \\ 1 \end{pmatrix}$ と $\begin{pmatrix} 0 \\ 1 \\ 0 \end{pmatrix}$ は一次独立な固有ベクトルになっています。このことを確かめてみましょう。

　まず、$\begin{pmatrix} 1 \\ 0 \\ 1 \end{pmatrix}$ を何倍しても $\begin{pmatrix} 0 \\ 1 \\ 0 \end{pmatrix}$ にはならないから、これらは一次独立です。

　さらに、$\begin{pmatrix} 1 \\ 0 \\ 1 \end{pmatrix}, \begin{pmatrix} 0 \\ 1 \\ 0 \end{pmatrix}$ は固有値 −1 に対応しているので、これらは異なる固有値 1 に対応する $\begin{pmatrix} 1 \\ 0 \\ -1 \end{pmatrix}$ とも一次独立。だから、結局ここで出てきた 3 本の

ベクトルは一次独立になっているというわけです。

　なので、これらを変換行列 P の成分に使って

$$P = \begin{pmatrix} 1 & 1 & 0 \\ 0 & 0 & 1 \\ -1 & 1 & 0 \end{pmatrix}$$

とすれば、対角化ができます。対角化行列は、それぞれ対応した固有値を対角成分上に並べればよいから、これで対角化終了。

$$P^{-1}AP = \begin{pmatrix} -1 & 0 & 0 \\ 0 & 1 & 0 \\ 0 & 0 & 1 \end{pmatrix}$$

重解が出てくるときも
こんなふうに
解けば OK！

何度も言うけど、
「変換行列は 1 種類じゃないこと」、
そして、
「自分が決めた固有ベクトルの並べ方の順番で
対角行列が変化すること」
に注意してね！

解　答

固有方程式 $\begin{vmatrix} -\lambda & 0 & 1 \\ 0 & 1-\lambda & 0 \\ 1 & 0 & -\lambda \end{vmatrix} = -\lambda \begin{vmatrix} 1-\lambda & 0 \\ 0 & -\lambda \end{vmatrix} + 1 \cdot \begin{vmatrix} 0 & 1 \\ 1-\lambda & 0 \end{vmatrix} = \lambda^2(1-\lambda) - (1-\lambda)$

$$= (1-\lambda)(\lambda^2-1) = -(\lambda+1)(\lambda-1)^2 = 0$$

$$\therefore \lambda = -1, 1 \text{（重解）}$$

(i) $\lambda = -1$ のとき

$$\begin{pmatrix} 1 & 0 & 1 \\ 0 & -2 & 0 \\ 1 & 0 & 1 \end{pmatrix} \begin{pmatrix} x \\ y \\ z \end{pmatrix} = \begin{pmatrix} 0 \\ 0 \\ 0 \end{pmatrix} \text{ より } \begin{pmatrix} x \\ y \\ z \end{pmatrix} = s_1 \begin{pmatrix} 1 \\ 0 \\ -1 \end{pmatrix}$$

(ii) $\lambda = 1$ のとき

$$\begin{pmatrix} -1 & 0 & 1 \\ 0 & 0 & 0 \\ 1 & 0 & 1 \end{pmatrix} \begin{pmatrix} x \\ y \\ z \end{pmatrix} = \begin{pmatrix} 0 \\ 0 \\ 0 \end{pmatrix} \text{ より } \begin{pmatrix} x \\ y \\ z \end{pmatrix} = s_2 \begin{pmatrix} 1 \\ 0 \\ 1 \end{pmatrix} + t_2 \begin{pmatrix} 0 \\ 1 \\ 0 \end{pmatrix}$$

よって $P = \begin{pmatrix} 1 & 1 & 0 \\ 0 & 0 & 1 \\ -1 & 1 & 0 \end{pmatrix}$ とすれば、$P^{-1}AP = \begin{pmatrix} -1 & 0 & 0 \\ 0 & 1 & 0 \\ 0 & 0 & 1 \end{pmatrix}$

著者紹介

東京大学大学院修士課程修了。博士課程進学とともに 6 年続けた予備校講師をやめ、科学のアウトリーチ活動の一環として YouTube チャンネル『予備校のノリで学ぶ「大学の数学・物理」』（略称：ヨビノリ）を創設。現在ではそのチャンネル登録者数は 100 万人を超え、累計再生回数も 2 億回を突破している。また、著書に『予備校のノリで学ぶ大学数学』（東京図書）、『難しい数式はまったくわかりませんが、微分積分を教えてください！』（SB クリエイティブ）、『難しい数式はまったくわかりませんが、相対性理論を教えてください！』（SB クリエイティブ）がある。
ホームページは https://yobinori.jp
Twitter は https://twitter.com/Yobinori

装丁●山崎幹雄デザイン室

予備校のノリで学ぶ線形代数
～単位も安心　速習テスト対策 5 講義付き！

Printed in Japan

2020 年 5 月 25 日　第 1 刷発行　　　© Yobinori Takumi 2020
2024 年 10 月 25 日　第 7 刷発行

著　者　ヨビノリたくみ
発行所　東京図書株式会社
〒102-0072 東京都千代田区飯田橋 3-11-19
振替 00140-4-13803　電話 03(3288)9461
http://www.tokyo-tosho.co.jp/

ISBN 978-4-489-02338-5

予備校のノリで学ぶ
線形代数
単位も安心 速習テスト対策5講義付き!

概観&ベクトル

一次変換

一次独立と一次従属

連立方程式〜掃き出し法

不能と不定

階数

行列式の定義と性質

余因子展開

逆行列の定義

逆行列〜掃き出し法

固有値・固有ベクトル

対角化

--- テスト対策 ---

Ⅰ　連立方程式の解き方

Ⅱ　行列式の求め方

Ⅲ　逆行列の求め方

Ⅳ　固有値・固有ベクトルの求め方

Ⅴ　対角化演習